東芝解体
電機メーカーが消える日

大西康之

講談社現代新書

2426

— Survival of the Fittest —
（適者生存）

Herbert Spencer
(ハーバート・スペンサー)

目次

文中敬称略

序章

日本の電機が負け続ける「本当の理由」

電機メーカーを長年支え続けた〝本業〟の正体

「電機敗戦の年」。２０１７年は日本の歴史にそう刻まれることになるだろう。

東芝の米国の原発子会社、ウェスチングハウス（ＷＨ）が米連邦倒産法第11章（チャプター・イレブン＝日本の民事再生法に相当）の適用を申請して事実上、倒産。米原発事業で総額１兆円の損失を出した東芝は、すでに白物家電事業を中国の美的集団《マイディア・グループ》に売却しており、主力の半導体メモリー事業も（思いどおりに行くかどうかは別にして）売却する計画だ。

２０１１年３月11日の東日本大震災と、その後の東京電力福島第一原発事故で国内の原発はすべて停止し、新規建設は絶望的になった。原発事業で巨額損失が発生した東芝は事実上の破綻を隠すため、粉飾決算に走った。しかし２０１５年春、１通の内部告発から事実が露見し、そこから東芝は「解体」に向かった。成長事業のほとんどを売り払う東芝の実態は国内に残された原発の後始末をする「廃炉会社」だ。連結売上高５兆７０００億円、従業員数約19万人の名門企業がこんな窮状に陥ると誰が予想しただろう。

東芝だけではない。シャープは台湾・鴻海《ホンハイ》精密工業の傘下に入り、三洋電機の白物家電事業は中国の海爾集団《ハイアール・グループ》に買収された。

かつて半導体の売上高で世界一を誇ったＮＥＣの連結売上高は３兆円を下回り、ピークから半減した。２００７年３月期の松下電器産業、三洋電機、松下電工の売上高の合計は12兆９９０８億円だったが、この３社が一つになったパナソニックの２０１４年３月期の売上高は7兆7365億円。これまた半減に近い。

一度は世界の家電市場を席巻しながら、日本メーカーとの競争に負けた米RCAは仏トムソン（現テクニカラー）に買収され、そのRCAと並ぶ家電の高級ブランドだったゼニスは韓国LG電子（現LGエレクトロニクス）に買収された。

歴史は繰り返す。今度は韓国、台湾、中国メーカーとの競争に負けた日本の電機大手が買われる番だ。先進国で一つの産業が勃興し、世界市場を支配する。だが、やがて新興国から新規参入者が現れ、競争力の落ちた先進国の老舗企業から市場を奪っていく。

ロングスパンで考えれば、いま日本の電機産業で起きていることは、産業革命以来、幾度となく繰り返されてきた「新旧交代」の見慣れた風景である。問題はこれまで「新」の側だった日本企業が「旧」に変わったことだ。その企業で働く人々や取引をしている人々にとっては「歴史の必然」で済まされる問題ではない。

消える「東芝の白物家電」

2016年6月30日、東芝は美的集団に対する白物家電事業の売却手続きを完了した。白物家電事業を集約した東芝ライフスタイルの株式80・1％を美的が5337億円で取得。国内外1万3000人の社員も移籍と発表された。その1週間前の株主総会で、社長の室

もはや売るモノがない？　東芝の惨状

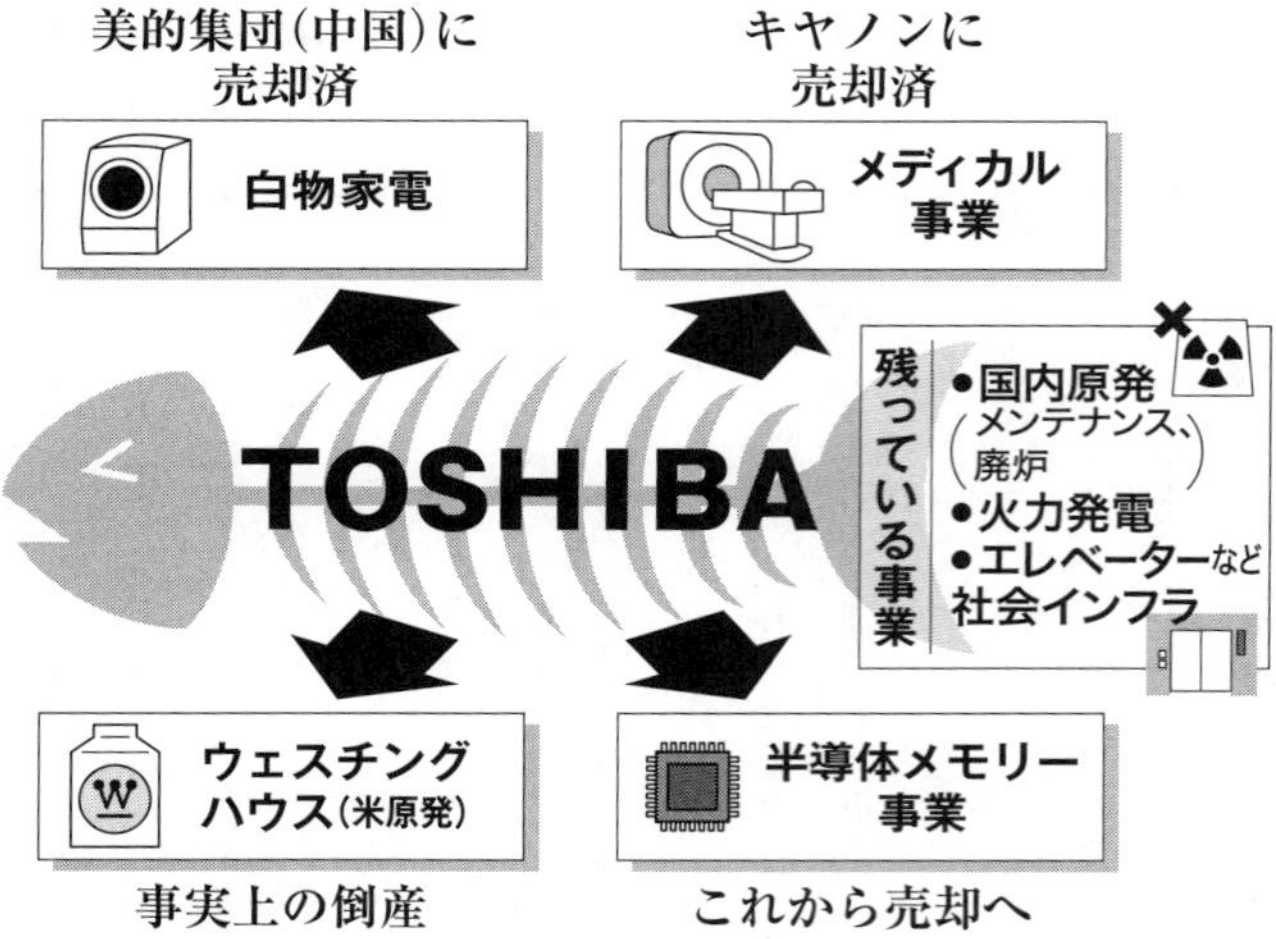

町正志（当時）は「長年、東芝ブランドを支えてきた白物家電を手放すのは断腸の想い」と唇をかんだ。

だが、そんな悠長なことを言っている場合ではない。

粉飾の発覚で、過去の業績不振が露呈した東芝は、数少ない黒字部門の医療事業をキヤノンに6655億円で売却、赤字の白物家電事業も前述のとおり中国の美的集団に537億円で売却した。

なりふり構わぬリストラで、一旦は事実上の倒産を意味する債務超過を免れたかに見えた東芝だが、2016年12月、米国の原発事業で新たな巨額損失が発覚し、2016年4－12月期の連結決算でついに債務超過に転落する。

ここに至って、東芝は唯一の収益源と言える半導体事業の売却を決意する。スマートフォン（スマホ）に欠かせないフラッシュメモリーを手がける東芝の半導体事業は2兆円の価値があるとも言われ、シャープを買収したホンハイや、米半導体大手のウエスタンデジタルなどが興味を示している。ディールが完了するのは5月過ぎとみられるが、不首尾に終われば法的整理に追い込まれるだろう。仮に半導体メモリー事業の売却に成功したとしても、中国など米国以外の原発事業や、原発事業に関連したウラン、LNG事業などでも、新たな巨額損失の可能性が指摘されており、今の東芝は「一つ打ち手を間違えれば倒産まっしぐら」の隘路《あいろ》を手探りで進んでいる状態だ。

白物家電は長年、東芝の「顔」だった。テレビアニメ「サザエさん」の放映が東芝の単独提供で始まったのは1969年10月。毎週日曜日の夜、家族で食卓を囲みながら「サザエさん」を観るのが子供がいる家庭の日常風景だった。その合間に流れてきた「光る東芝」のコマーシャルソングを今も口ずさめる人は、少なくないだろう。

だが東芝は、膨大な時間とカネをつぎ込んで構築した白物家電ブランドをわずか537億円で中国の新興企業に売り渡した。「粉飾さえなければ」と思う人もいるだろう。しかし粉飾は東芝が国際競争に負けた「結果」として起きたことであり、負けた「原因」ではない。

アジア企業との差は歴然

まずは世界の電機産業の「新」であるアジア企業と、「旧」である日本企業との規模の差を確認しておきたい。

２０１４年度、東芝の売上高は６兆６５５９億円だが、白物家電に限れば２２５４億円。これに対して美的集団は２０１４年、白物家電だけで２兆７６００億円を売り上げている。白物家電メーカーとしてみれば、すでに美的集団は東芝の10倍以上の存在になっているのである。

英調査会社ユーロモニターのデータによると、「マイディア」ブランドを展開する美的集団の白物家電市場における世界シェアは４・６％で、オランダのフィリップスに次ぐ世界第２位。東芝の家電事業を飲み込むことで、首位の座をうかがう。ちなみに東芝のシェアは０・５％未満だ。

日本でほとんど見かけない「マイディア」は、どこでそんなに売れているのか。

美的集団は５０００円台の電子レンジ、１０００円台の炊飯器が得意で、ホームグラウンドの中国では「安くて壊れない」と評判だ。単身者向けマンションに備え付けられていることが多い。

1000円台の炊飯器と聞けば、日本人は「安かろう悪かろう」と思いがちだが、余分な機能を削ぎ落としているだけで、炊飯器としては十分役に立つ。余分な機能がない分、壊れにくいという利点もある。何より注目すべきは「5000円台の電子レンジ」や「1000円台の炊飯器」が、現在の世界の白物家電市場では「主戦場」であるという現実だ。中国、インド、東南アジアや南米で白物家電を売るなら、この土俵に乗るしかない。

東芝の電子レンジ「石窯ドーム」の売れ筋は2万〜3万円。最上位機種は約18万円である。世界を狙う価格帯からは程遠く、「浮世離れ」した価格設定と言わざるをえない。日本製品のガラパゴス化が起こっているのは携帯電話だけではない。

頼みの綱であるはずの国内市場であっても、国際標準からかけ離れた値段の家電がいつまでも売れるとは思えない。東京都世田谷区の二子玉川にある蔦屋家電。感度の高い消費者が集まるファッション性の高い売り場では、パナソニックの冷蔵庫の隣には東芝ではなくハイアールの冷蔵庫が置いてある。秋葉原のヨドバシカメラのテレビ売り場では韓国LGエレクトロニクスとサムスン電子の液晶テレビが一等地を占めている。

かつてメイド・イン・チャイナのスニーカーやTシャツに感じたのと同じように、最初のうちはある種の違和感を覚えるかもしれないが、こうした光景は徐々に日常になっていく。今では日本製のTシャツを見つけたときの方が驚く。それと同じことなのだ。

ちなみに、２０１６年１月には世界シェア第７位の中国ハイアールが米ゼネラル・エレクトリック（ＧＥ）の白物家電事業を54億ドル（約６３７０億円）で買収すると発表した。すでに三洋電機の白物家電事業を買収しているハイアールは、これでパナソニックを抜いて５位に浮上する。世界のベスト５のうち、中国メーカーが２社、欧州が２社、米国が１社となり、日本メーカーは姿を消す。

２０１１年当時で「もう抜かれとるやないか」

美的集団による東芝・白物家電事業買収の１週間前——２０１６年６月23日、大阪市のオリックス劇場で開かれたシャープの第１２２期定時株主総会では、台湾ホンハイによるシャープ買収が認められた。

ホンハイは３８８８億円でシャープ議決権の66％を握る。払い込みが終わり、ホンハイ、ナンバーツーの戴正呉《たいせいご》氏がシャープ社長に就任し、ホンハイ主導の再建が始まった。

日本の中には経済産業省を中心に「日本の進んだ液晶技術を台湾企業に渡してはならない」という反発があり、それを受けて官製ファンドの産業革新機構がシャープへの出資に名乗りを上げた。一時は「国によるシャープ救済」が現実味を帯びたが、シャープの主力行であるみずほ銀行は、土壇場でホンハイを選ぶ。ホンハイの方が出資金額が大きく、再建策にも具体性があったからだ。

日立製作所、ソニー、東芝の液晶事業を統合したジャパンディスプレイにシャープをくっつけるという経済産業省が描いた再編は、現実味に乏しかった。

シャープがホンハイの傘下に入ると、一部では「あの名門がアジア企業に買われた」という落胆の声が聞かれた。

しかし感情を排して数字を見れば、この買収もきわめて順当だ。シャープの2016年3月期の連結売上高は2兆4615億円だが、ホンハイの2015年の売上高は約16兆円。国内最大手の日立製作所（2016年3月期、10兆343億円）すら上回る規模なのだ。

シャープの2005年の液晶テレビ年間生産台数は1200万台。同じ頃、ホンハイのデジタル機器の受託生産台数は年間10億台に達していた。中国・深圳《しんせん》を中核とする巨大工場では、アップルのスマートフォン「iPhone」が1億台、米デルのパソコン、ソニーのゲーム機をはじめ、世界中のハイテク・ブランドが量産されている。

2011年8月、ホンハイと提携交渉をしていたシャープの町田勝彦会長（当時）は、台北にあるホンハイの技術開発拠点を視察して度肝を抜かれた。シャープの工場でもまだ珍しい最先端の日本製、製造装置が巨大な工場にずらりと並んでいたからだ。ホンハイはこれらの生産装置を見事に使いこなし、精密なiPhoneを驚異的な歩留《ぶど》まりで量産していた。

「もう抜かれとるやないか……」

町田はホンハイを「格下」と見てきた自分を恥じた。

「あれだけ精密な機械を、あの台数、あの歩留まりで生産できる日本メーカーはない。日本メーカーの生産単位はメガ（100万）だが、彼らはギガ（10億）。ケタが三つ違ったら勝負にならん」

この認識が、第3章で詳述するように、町田をホンハイとの提携に走らせるのである。しかし交渉が始まった2012年の段階では、町田を除くシャープの経営陣はまだホンハイを「格下」と見ていた。「我々が持つ最先端の液晶技術が欲しいだけ」「彼らと組んでもこちらが得るものはない」。

業績悪化の責任を取って代表権のない相談役に退いた町田に、社内を説得する力はなく、現場のおごり高ぶった態度が交渉を難しくした。シャープ本体への出資交渉は暗礁に乗り上げた。その4年後にシャープは再び資金繰りに窮し、ホンハイから出資を仰ぐことになる。2012年の最初の合意は1株550円。その後、シャープの業績悪化が表面化したことからホンハイは220円への値下げを求め、シャープはこれを拒絶した。2016年にまとまった最終的な出資条件は1株88円である。経営陣の根拠のないプライドが株主の利益を大きく損なった。

続々と海外に買われる日本の電機（部門）

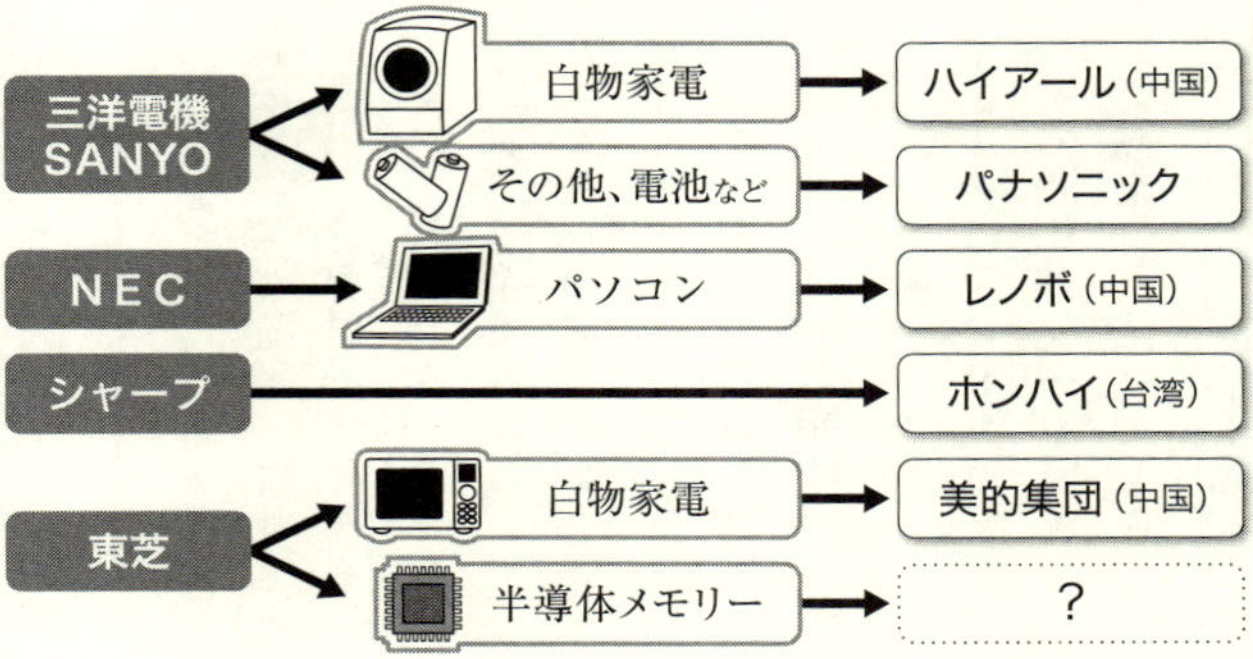

シャープだけを責めるのは酷かもしれない。「かんばん方式」のトヨタ自動車を筆頭に、「日本のものづくりは世界最強」というプライドが、いまもって日本全体を覆っている。

しかし電機メーカーに限って言えば、それはもはや幻想だ。１００万人の従業員を使って10億台のハイテク機器を組み立てるホンハイは、こと生産面においては、日本の電機メーカーのはるか先を行っているのだ。

マクロデータから見た「惨敗」

美的集団が東芝の白物家電事業を、ホンハイがシャープを、ハイアールが三洋電機の白物家電事業を買収した。日本では、日本の名門企業が、次々とアジアの新興企業の手に落ちているかのように報じられているが、実際に起きていることは「弱肉強食」

の一言で説明できる。日本人としては認めたくないところだが、残念ながら日本の家電はアジアの新興勢に抜かれたのだ。

実際、シャープを買収したホンハイは２０１７年３月、中国・広州で８Ｋテレビのパネルを作る新工場の建設を開始した。広州市政府が出資する分と合わせ、総投資額は約１兆２００億円。世界最先端となる10・５世代の液晶パネル工場でサムスン電子、ＬＧエレクトロニクスの韓国勢を一気に突き放す戦略だ。日本の電機業界に、このスピード、このスケールで動ける企業はない。

それはマクロのデータを見てもはっきりしている。２０１５年の日本の電子工業の貿易収支は１兆円の赤字に陥った。テレビ、パソコン、スマホから半導体、電子部品まで全部ひっくるめた電子工業製品の輸入が輸出を１兆円も上回ったのだ。

日本のバブル経済が崩壊する前の１９９０年頃まで、電機は自動車と並ぶ輸出の両輪だった。１９９１年はテレビやＤＶＤレコーダー、ビデオカメラ、デジカメの輸出が好調で、電子工業は実に９兆２０００億円の貿易黒字を稼ぎ出している。それがわずか四半世紀足らずの間に10兆円も収支が悪化し、赤字に転落してしまった。

財務省輸出貿易統計によると、リーマン・ショック前の２００６年に１兆５６６０億円あったテレビなど映像機器の輸出は、２０１５年、３分の１以下の４８６５億円に落ち込んだ。携帯電話に至っては1兆7430億円の貿易赤字である。アップルのiPhoneはホンハイが中国で作っており、米グーグルの基本ソフト「アンドロイド」を搭載したスマートフォンもほとんどが海外製だ。情報通信ネットワーク産業協会（CIAJ）によると、2015年度の携帯電話の輸入額は1兆7455億円に達した。輸出はたったの24億円である。

負けたのは、「本業」ではなかったから

いまから25年以上前、半導体産業でも家電と同じことが起きた。1990年、世界の半導体メーカーの売上高ランキングでは、1位NEC、2位東芝、3位日立製作所と日本勢がトップ3を独占した。上位10社のうち実に6社が日本メーカーだった。しかし2015年のトップ3はインテル、サムスン電子、TSMC。上位10社に名を連ねたのは8位の東芝だけである（調査会社ICインサイツの調べによる）。

携帯電話もスマートフォンが普及し始めた2000年ごろまでは、NEC、パナソニック、シャープといった日本メーカーが世界シェアの上位に顔を出していたが、2007年にアップルのiPhoneが登場してからは、世界のトップ10からはじき飛ばされてしまった。

それでは、なぜ日本の電機大手は、半導体や家電や携帯電話でトップの座から転がり落ちてしまったのだろうか。一言で言えば、それらの事業が各社にとって、絶対に負けられ

ない「本業」ではなかったからである。

２０１５年の半導体トップ５はインテル、サムスン電子、ＴＳＭＣ、ＳＫハイニックス、クアルコム。サムスン以外はいずれも半導体専業だ。つまり、これらの企業は半導体事業で敗北すれば倒産は必至だ。

インテル最大の戦略転換である半導体メモリーからマイクロプロセッサーへのシフトを主導し、２０１６年3月に亡くなった元ＣＥＯのアンディ・グローブは、その著書『ONLY THE PARANOID SURVIVE（偏執狂だけが生き残る）』の中で、「偏執狂的な集中力で製品を開発し、投資し、競合相手を徹底的に叩き潰すことが、半導体産業の中で生き残る唯一の道だ」と語っている。だが、重電から家電まで幅広く手がける日本の総合電機に「偏執狂」はいなかった。半導体はいくつもある事業の中の一つに過ぎず「失敗しても会社が潰れることはない」という甘えの中で経営が行われていた。

１９８５年から１９９１年まで半導体の売上高で世界一だったＮＥＣは、その後ＤＲＡＭ（ダイナミック・ランダム・アクセス・メモリー＝コンピューターなどに使用される半導体の一種で、記憶保持動作が必要な随時書き込み読み出しメモリー）でサムスン電子などに惨敗し、１９９９年には主力のＤＲＡＭ事業を本体から切り離し、同じく日立製作所のＤＲＡＭ事業と統合してエルピーダメモリを設立した。

この決断をしたＮＥＣの西垣浩司社長（当時）は撤退を決めた理由を「ボラティリティー（業績の不安定さ）の高い半導体ビジネスのことは、私にはよく分からない」と説明した。半導体世界一の時代に社長、会長を務めた関本忠弘はＮＥＣの株主総会で「かつて半導体世界一だった会社のトップが『半導体は分からない』とは何事か」と西垣に嚙み付いた。

だがこの論争は西垣に分がある。上司の命令一つで部署が変わる「サラリーマン集団」の日本の電機大手には、インテルのような半導体の偏執狂集団と対峙する術がなかったし、極論すれば、対峙する必要もなかったのである。

あえて言おう。日本の電機大手にとって、半導体事業は、いわば「副業」に過ぎなかった。実際、何千億円と投資を行った上で惨敗し、半導体から手を引いたＮＥＣや日立はその後も潰れることはなかった。実はそこに大きなポイントがある。日本の電機大手には、副業で負けても食べていける「本業」があった——その点を押さえておかなければ、今日の電機メーカーの衰退は理解できない。

ファミリー・ビジネス

日本凋落《ちょうらく》の典型的な例として、ＮＥＣの歴史をふりかえってみよう。

半導体メモリー事業を切り離す直前の１９９８年３月期、ＮＥＣの連結売上高は４兆９

011億円だった。半導体、パソコンの売上高は国内最大で「日本最大のIT企業」と言われたが、実はこの時点ですでに半導体とパソコンは営業赤字だった。キャッシュフローを支えていたのは、祖業の「通信」だ。

NECの通信部門の最大の顧客はNTTグループである。そもそも同社（日本電気）は1899年、米通信機器大手ウェスタン・エレクトリックとの合弁会社として設立された国策企業で、戦後は日本電信電話公社（現在のNTTグループ）に電話交換機を供給して成長を遂げた。

1970年代以降は、コンピューター、半導体、パソコン、携帯電話などに事業領域を広げ、仏コンピューター大手のブル、米パソコン大手のパッカードベルを買収するなど海外展開も加速したが、根っこの部分は「NTTの下請け」だった。

携帯電話のKDDIやソフトバンクが台頭してきたのは1985年の通信自由化以降のことだ。それまで日本の通信市場は日本電信電話公社による「独占」状態だった。独占とは価格競争がないことを意味し、コストが上がれば電話料金を上げるだけ。利用者に選択の余地はなく、決められた料金を払うしかなかった。

現代社会において電話を使わない人はほぼいない。「電話を使う時はNTTからサービスを受けるしかない」という状況下での電話料金値上げは、一種の「増税」のようなものだ。まるで社会主義国である。

あまねく国民から集められた何兆円もの電話料金は、一旦NTTに集まり、そこから設備投資という形で「電電ファミリー」であるNEC、富士通、日立製作所、東芝、沖電気工業に流れた。NTTグループの設備投資はピーク時の1990年代なかばには、年間4兆円を超えていた。

「通信の安全」を錦の御旗とするNTTは、事実上、国内の通信機器メーカーとしか取引をしなかったので、電電ファミリーは、この4兆円を山分けすればよかった。

NTTは技術的には絶対的な存在として通信機器メーカーの上に君臨し「NTT仕様」の機器を作らせた。人材的にも東京大学や東京工業大学で電子工学を学んだトップレベルの学生は、まず武蔵野市、厚木市、横須賀市にあるNTTの研究所に集められ、それに次ぐ人材が電電ファミリーの開発部門に散らばった。

NECをはじめとする「下請け」の電電ファミリーにとってNTTは「技術的にはうるさいが、取引先としては理想的なお客様」だった。何せ、値段を叩くこともなければ、発注が突然、減ることもない。いつも予算どおり、計画どおりに買ってくれる「上客」なのだ。NTT自体が電話料金の競争をしていないのだから、頑張ってコストを削減する必要もないのである。

郵政省主導の「増税」

電話料金の値上げが「増税」に近い意味を持っていたことは前述した。では、その「増税」の是非を決めるのは誰だったのか。電話料金値上げを認可する権限を持っていたのは、当時の郵政省（現総務省）である。

これは実にうまい仕組みだ。所得税や消費税の税率を上げる本物の増税は、ともすれば「内閣を一つや二つは吹き飛ばす」と言われるほど国民ウケが悪い。だが電話料金の値上げなら、国民の怒りは政府ではなくNTTに向く。

選挙前に景気を良くしたい場面で、政治家が郵政省の役人に目配せをし、役人は阿吽《あうん》の呼吸でNTTに電話料金を上げさせる。「増税」で得た収入はいったんNTTに集まり、そこから「電電ファミリー」に再分配され、設備投資という形で景気を持ち上げる。電電ファミリーの下請けも潤い、雇用が増える。ゼネコンから地域の土建会社、出稼ぎ労働者へとカネが流れる公共工事と同じ構造だ。さらに消費を活性化させたい時には、春闘でNTTの経営側に譲歩させ、賃上げをする。相場形成力のあるNTTが賃上げをすれば、日本中の企業が右へ倣《なら》えだ。

よく考えると景気を良くする設備投資も賃上げも、元を辿《たど》れば自分たちが払った電話料金なのだが、国民はこのカラクリに気づかない。「景気が良くなった」と喜んで、選挙では与党が大勝する。

驕《おご》れる者は久しからず

競争がある市場において価格は需要と供給のバランスで決まる。だが競争がなければ価格は供給者の望みのままだ。通信市場が独占状態にあった1980年代前半、日本の長距離電話料金は米国の10倍だった。東京―大阪間で3分400円である。

京セラ創業者の稲盛和夫が米国に出張した際のエピソードだ。国外の顧客と長電話をしている米国人社員を稲盛が叱りつけると「ボスが怒るほどの料金じゃない」と言われ、電話料金の内外価格差に気がついた。日本人が強制的に高い電話料金を払わされていることを知った彼は、これがきっかけで第二電電設立による通信事業への参入を決めたとされる。

NTTという独占企業を媒介にして国が金を集め、国が投資する。これは資本主義ではなく、社会主義だ。競争がなければ技術革新も起きない。電電ファミリーの通信機器メーカーには「NTTの言うとおり」に開発する癖がつく。その体質が、日本の中だけで特異な技術進化を遂げてしまい、世界に通用しない「ガラパゴス化」につながっていく。

価格競争も技術革新もない世界で経営をしていたら、普通はすぐに破綻するものだが、

NTTからの〝ミルク補給〟がある限り、電電ファミリーの資金繰りは安泰だった。イノベーションに挑むより、国やNTTのご機嫌を取っていた方が得である。電電ファミリー企業の経営者たちは、いつしか民間企業の気概を失い、国やNTTのご機嫌を伺う従順さを身につけた。NTTには可愛がられたが、それと引き換えに自分の頭で考え、決断する能力を失った。

そのツケは携帯電話の敗北に象徴される。

NTTドコモは1999年、世界初のモバイル・インターネット・サービス「iモード」を開始した。世界で最初に3G（第3世代携帯電話）のサービスを始めたのも日本だった。当時ドコモ社長だった立川敬二は「我々の技術が欲しくないという通信会社は、世界のどこにもない」と豪語した。当時NEC社長だった西垣浩司は3G網の構築に投じた莫大な資金の回収について問われると、こう笑い飛ばした。

「我々（通信機器メーカー）はただ、早い通信インフラを作ればいいんです。使い方はお客さんが考えてくれる」

「お客さん」とはNTTと利用者のことである。自分たちが提供するテクノロジーがどう使われるのか、考えたこともない。それが電電ファミリー経営者の実態だった。

iモードがモバイル・インターネットの世界標準になれば、ドコモ仕様の携帯電話を作っている電電ファミリーもまた、世界の端末市場を制覇できるはずだった。

第2世代携帯電話（2G）市場では、北欧で生まれた「GSM」に主導権を握られた。そこで2Gから3Gへの移行期、今度こそ世界のどこより早く3Gを普及させ、その技術力で世界市場を席巻する、それがNTTドコモ率いる電電ファミリーの野望であり、電電ファミリーの長兄であるNECは誠実にNTT仕様の通信基地局や携帯端末を作り続けた。

3Gの商用化でどうしても「世界初」になりたかったドコモは、国際的な通信規格が出来上がる前に、独自の3Gサービス「FOMA《フォーマ》」のサービスを国内で始めてしまう。2001年10月のことだ。NECを始めとする日本の端末メーカーはドコモのフライングに付き合い、FOMA対応の端末を発売した。しかしFOMAは世界標準から外れており、日本メーカーは国際標準規格が変わるたびに技術の修正を迫られた。最初から国際標準でやっているノキアやサムスンに比べると開発段階で2倍の手間をかけることになったのだ。

それだけでない。日本の端末メーカーにとって誤算だったのは、海外で3G普及が大きく遅れたことだ。せっかく巨額のコストをかけて3G端末を開発したのに、日本でしか売れない。投資を回収できない状況が長く続き、経営を圧迫した。

ドコモ自身の3G戦略も泥沼にはまっていく。ドコモはiモードと日本の3G規格を世界に広めるため、1998年から2001年の4年間、海外の通信会社に出資しまくった。総額2兆円。空前の囲い込み大作戦だったが、これらの出資はことごとく失敗に終わる。いずれも20％以下のマイナー出資にとどめたため、出資先をうまくコントロールすることができず、ドコモ方式の3Gやiモードは海外で一向に普及しなかった。

2001年にはITバブルが崩壊し、出資先の株価が暴落すると、海外だけで1兆円を超える減損処理を余儀なくされた。ドコモ社長の中村維夫《まさお》は、前任社長の立川敬二が決めた一連の海外投資について「先見の明がなく失敗だった」と神妙に反省したが、後の祭りである。

2002年を過ぎるとようやく海外でも3G端末が普及期に入ったが、欧州、アジアの利用者は旧来のGSM方式と兼用の「デュアルタイプ」を選んだ。GSMに不案内なNECなどの日本メーカーは、ノキア、モトローラ、サムスンの快走を、指をくわえて見ているしかなかった。

ドコモへの忠誠が裏目に出たのである。

「ドコモとともに世界へ」という日本の携帯電話産業のシナリオは完全に瓦解した。

技術力だけでは勝てなかった

2005年以降、日本の携帯端末メーカーは海外から続々と撤退し始める。NECは中国、欧州での低価格機種の開発・販売を停止。松下もまた、欧州やアジアで主流のＧＳＭ方式に対応した携帯電話の開発・製造から撤退し、欧米の工場や開発拠点を閉鎖した。

敗北の原因は技術ではない。半導体も液晶もその他の電子部品も、要素技術は日本国内にすべて揃っていた。開発力だけを比べれば日本メーカーはノキアやサムスンを上回っていただろう。劣っていたのは「安く作って大量に売る力」だ。

ラジオやテレビの時代、日本の電機大手はまさにこの「安く作って大量に売る力」で世界市場を席巻し、当時、世界の電機市場を支配していた米国のＲＣＡ、ゼニス、欧州のフィリップスといった巨人たちから顧客を奪った。だが国内でＮＴＴドコモの庇護を受けてきた通信事業にはバイタリティーが欠けていた。

無理に海外で勝負する必要もなかった。国内の携帯電話市場が成長期にあった１９９０年代は、端末は出荷するそばから飛ぶように売れた。日本の携帯電話は国内専用の規格だったが、それでも十分に儲かったので、ＮＥＣなど各社とも国内市場だけを見ながら技術開発を進めていった。技術的にも敢えてリスクを取る必要はなく、ドコモに従っていれば何も問題はなかった。

日本ではドコモのような通信会社が端末を売る。メーカーは作った端末を全量、通信会社に買い取ってもらう下請けのような存在だ。つまり、ＮＥＣなどの携帯電話メーカーが直接接する顧客とは、最終消費者ではなく、ドコモのような通信会社なのである。これでは端末開発に身が入らない。

一方、利用者が自由に端末を選べる欧米では、メーカーが端末開発に全力を傾注し、最終消費者を奪い合う。機能や価格でライバルに劣れば、すぐに振り落とされる。ここでも半導体同様『ONLY THE PARANOID SURVIVE（偏執狂だけが生き残る）』の戦いが展開されていたのだ。総合電機の一部門であり、しかも作った端末を安定的に買い上げてくれるドコモというパトロンに守られた日本の端末メーカーは、偏執狂になれなかった。NECはかつて世界一になった半導体のDRAMで韓国勢や台湾勢に完敗し、片手間では勝てないことを知っていたはずだが、携帯電話でも同じ過ちを繰り返したことになる。

アップルやサムスンは自らリスクを取ってスマホを開発し、巨費を投じて世界規模の販売網とブランド力を構築したが、日本勢はドコモの指示を待ち、自らリスクを取らなかった。競争を排除する「電電ファミリー」という名の社会主義が、日本メーカーから本来の競争力を奪ってしまったのである。

かくして日本の携帯電話産業は敗れた

弱体化した日本メーカーに止めを刺したのが、2007年に登場したアップルのスマートフォン、iPhoneだ。かつてソニーがウォークマンで「歩きながら音楽を聴く」という新しいライフスタイルを実現したのと同じように、iPhoneは人々の生活を一変させた。iPhoneを嚆矢《こうし》とするスマホの本質は「ポケットに入れて持ち歩けるインターネット」だったのだが、日本メーカーは「液晶画面付きの携帯電話」と軽く見て、完全に出遅れる。

日本メーカーが本格的にスマホを投入したのは2011年以降である。アップルの初代iPhoneから4年近くも後になる。その間にサムスンは「ギャラクシー」シリーズを投入し、アップルと並ぶ「スマホのトップメーカー」の座を確保した。

タッチパネル、高精細の小型液晶パネル、半導体のフラッシュメモリー、リチウムイオン電池。スマホを構成する技術のすべては日本にあった。それなのに、なぜ4年も出遅れたのか。

あるコンサルタントは「必ずしもメーカーのせいだけではない」と指摘する。日本メーカーにとって最大の顧客はNTTドコモ。そのドコモが本気でスマホに取り組むまで、日本メーカーは動くに動けなかったのである。

海外進出に失敗して国内に引きこもったドコモは、日本に残った「iモード帝国」を1日でも長く存続させたかった。スマホがiモードの脅威になるのは目に見えていた。ドコモは、のちの若者が「ガラケー（ガラパゴス化した携帯電話）」と呼ぶ従来型の携帯電話をできるだけ延命させようと努力し、電電ファミリーもその方針に従った。

間隙をついたのが、孫正義社長率いるソフトバンクモバイルである。同社が2008年7月に日本で初めてiPhoneを発売すると、消費者は「ガラケー」から「スマホ」へ雪崩《なだれ》を打って乗り換え始めた。やがてKDDIもiPhoneの販売を始め、ドコモはスマホで出遅れる。ソフトバンク、KDDIへの乗り換えが止まらず、ドコモは電電ファミリーにスマホの開発を急がせる。しかしいきなり言われて作れるものではない。あろうことか、焦ったドコモは電電ファミリーのスマホを待たず、韓国サムスン電子や台湾HTCのスマホを大々的に売り始めたのだった。

「ここまで忠誠を尽くさせておいて、それはないだろう」

NECなど電電ファミリー各社はドコモの変節をなじったが、所詮は引かれ者の小唄である。こうして日本の携帯電話産業は壊滅した。生き残ったのは、ソニー、京セラ、シャープ。電電ファミリーに属さない独立系の携帯電話メーカーだった。

もう一組の「ファミリー」

「電電ファミリー」の社会主義的システムは、日本の電機産業を弱体化させた。だが、日本の電機産業にはもっと深刻な病巣がある。

東京電力が家長に君臨し、原発事業の巨額赤字で崩壊寸前の東芝を正妻とする「電力ファミリー」だ。

戦後の電力インフラは通産省（現経済産業省）と電力会社が全体図を描き、東芝、日立、三菱重工業など重電メーカーが設備を作った。重電3社の下には古河電気工業、住友電気工業、フジクラの「電線御三家」、大崎電気工業、東光電気、富士電機、三菱電機の「電力計四天王」がぶら下がる巨大なエコシステムは今なお機能している。

各社は特定の電力会社と結びつき、安定した受注を獲得している。電力設備投資の総額は1980年代初頭、産業界全体の設備投資の約4割を占めた。電力ファミリーの巨大さが分かるだろう。

巨額投資を支えたのは「電気料金」という名の「税金」である。2016年から個人向けの電力自由化が実施され、ようやく日本の家庭でも電気の売り手を選べるようになったが、それまで日本の個人利用者には電力会社を選ぶ権利がなかった。東電から電気を買うのが嫌なら、電気のない生活を送るか、東電管轄外に引っ越すしかなかったのである。

法人向けも1995年の電気事業法改正により、特定の電気事業者に対して、大型ビル群や工場などの特定の地点を対象にした電力供給が認められるまでは、電力会社10社が地域ごとに独占していた。競争のない市場で、価格は電力会社が国の認可を受けて決めた。

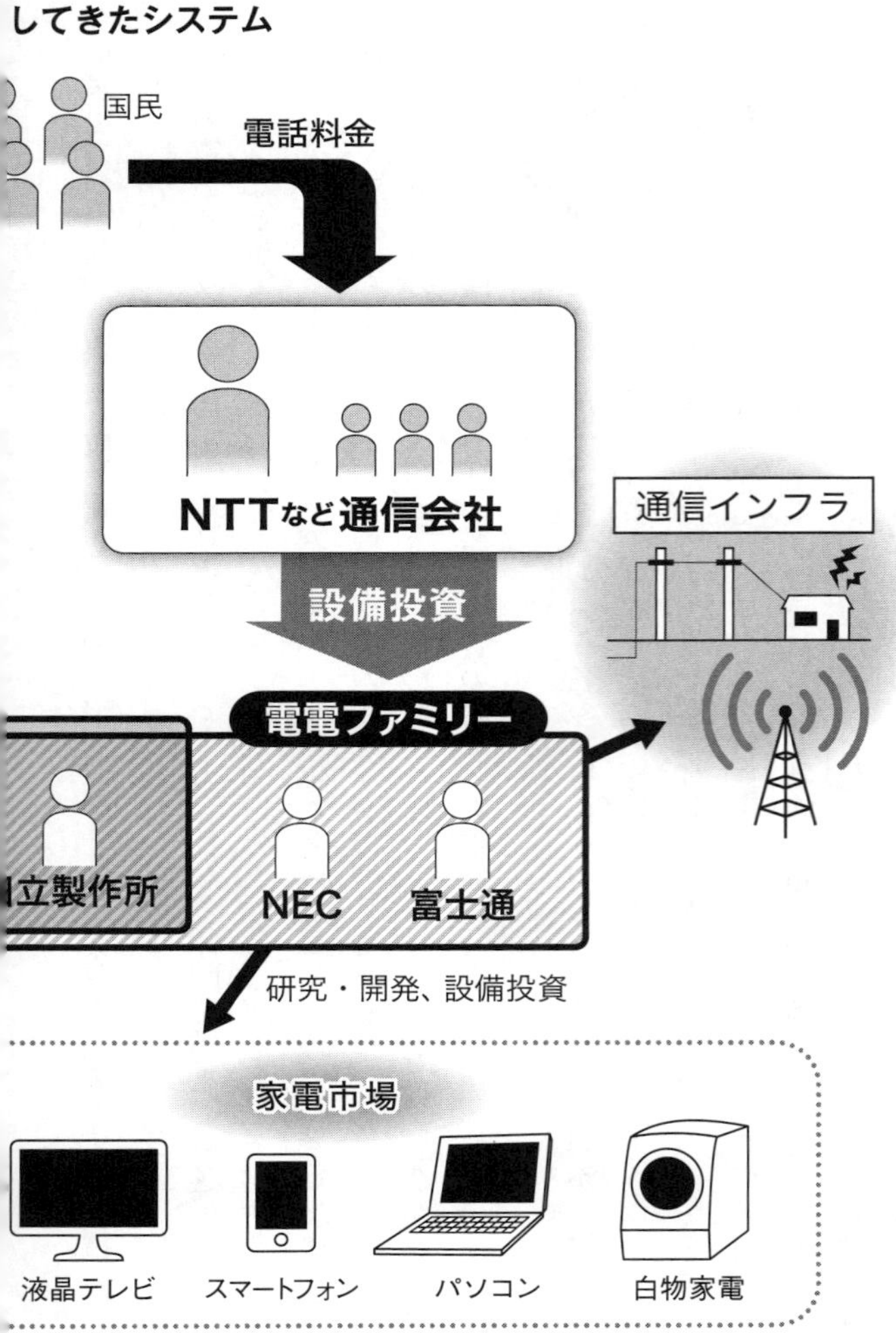
してきたシステム
国民
電話料金
NTTなど通信会社
設備投資
通信インフラ
電電ファミリー
立製作所
NEC
富士通
研究・開発、設備投資
家電市場
液晶テレビ
スマートフォン
パソコン
白物家電

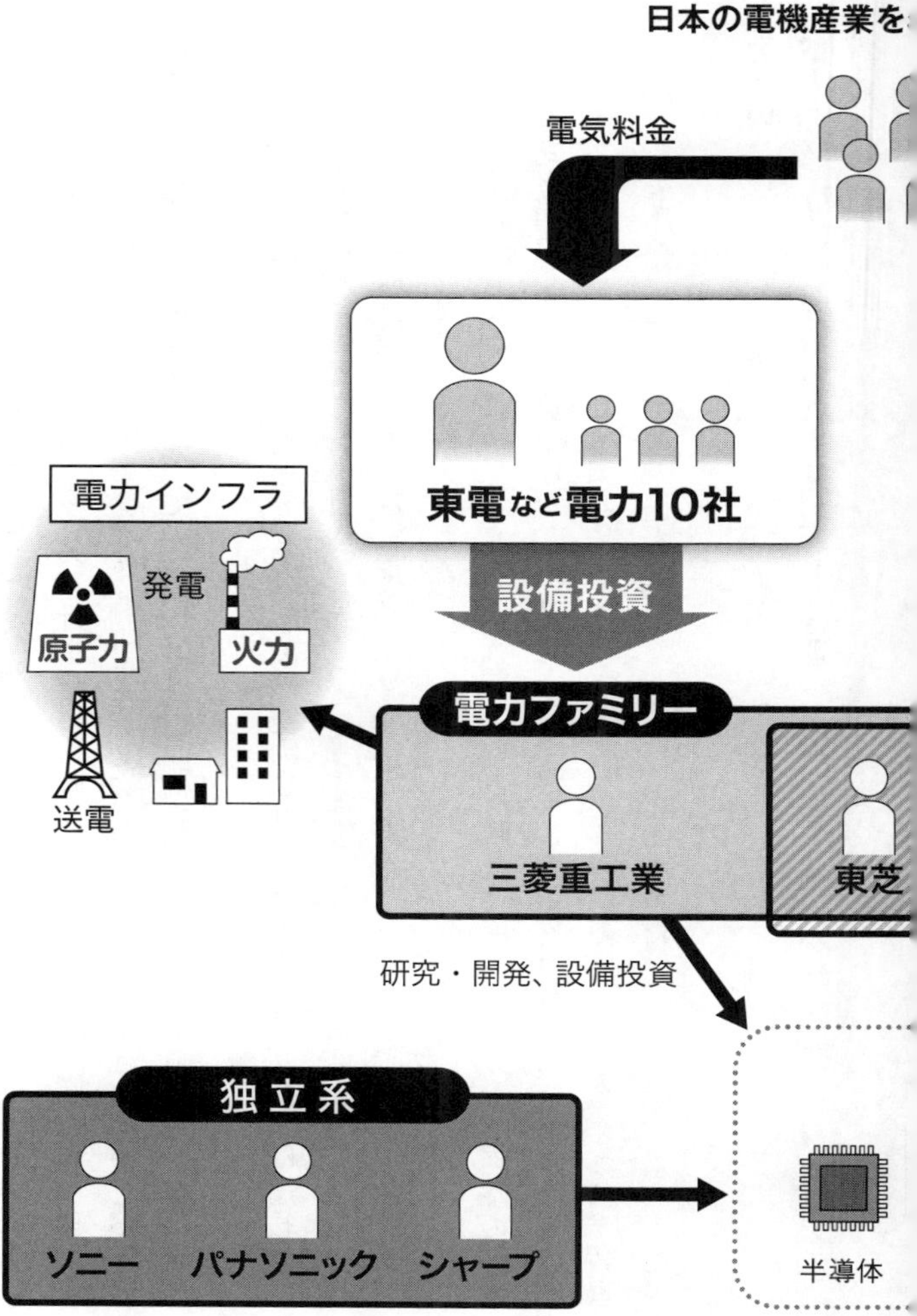
日本の電機産業を
電気料金
東電など電力10社
設備投資
電力インフラ
発電
原子力
火力
送電
電力ファミリー
三菱重工業
東芝
研究・開発、設備投資
独立系
ソニー
パナソニック
シャープ
半導体

電気料金も電話料金と同じように、事実上の「税金」だったのである。

こうして電気料金という名目で電力10社に集められた「税金」は、設備投資の形で東芝、日立、三菱重工業などの電力ファミリーに流れた。電力ファミリーは東電などが定めた仕様の発電機や送電設備を作っていれば、価格を叩かれることもなく無競争で買い上げてもらえた。

電力自由化の前夜、すなわち1993年度の電力10社の設備投資は5兆円に達していた。東電の資材調達における輸入比率は2・5%。つまり「税金」が外資に流れることはなく、電力10社の設備投資の大半は、東芝、日立、三菱電機、三菱重工、富士電機、明電舎といった電力ファミリーが山分けした。

電力ファミリーもまた、電電ファミリーと同じように政官と深く結びつき、阿吽の呼吸で設備投資を増やしたり、賃上げをしたりして、政府によるマクロ経済のコントロールを側面から支えた。原発という事業の政治性と、産業ピラミッドの巨大さを考えれば、政官との結びつきでは、電力ファミリーが電電ファミリーを上回った。

電力という絆

電力ファミリーと政治の近さは、「財界総理」と呼ばれる歴代、経団連（経済団体連合会。

現日本経済団体連合会）首脳の顔ぶれを見ても一目瞭然だ。会長は第2代の石坂泰三と第4代の土光敏夫が東芝、第7代の平岩外四が東電。ナンバーツーの評議員会議長は初代の石坂と第11代の西室泰三が東芝、第2代の菅礼之助と第9代、第10代の那須翔が東電、第4代の河野文彦が三菱重工である。「経団連の要職は電力ファミリーと電力の大口需要家である新日本製鉄の社長経験者で、たらい回しにしてきた」と言っても過言ではない。トヨタ自動車、キヤノン、東レなど、電力ファミリーと無縁な会社から経団連会長が出るようになったのはつい最近のことである。

終戦直後の1946年に経団連が発足した背景には二つの理由があった。一つは「反共産主義」。戦後、日本を占領した米国が最も恐れたのは日本の共産主義化であった。企業の現場では雨後の筍のように労働組合が立ち上がり、労働争議が頻発していた。大企業の経営者は一丸となって、この動きを押さえ込まねばならなかった。

「総労働」と呼ばれた労組や革新政党と戦うために生まれたのが「総資本」の旗頭である経団連。その中核をなした企業が東京電力と東芝である。

「反共」と並んで経団連に課せられたもう一つのミッションが「原発推進」だ。東西冷戦が緊迫し、「反共防波堤」の構築を始めた米国は、アイゼンハワー大統領の時代に「原子力の平和利用（アトムス・フォー・ピース）」政策を打ち出し、原子力発電技術を国際社会に提供し始めた。日本でその受け皿となったのが経団連であり、具体的に動いたのは東電と東芝だった。

アメリカの変節

日本が着々と通信・電力インフラを整えていった高度経済成長期、そして米国とソビエト連邦が一触即発の緊張感の中で軍拡を競った東西冷戦の時代において、電電ファミリー、電力ファミリーは日本経済の柱として、極めてよく機能した。

米国は、日本の共産化を防ぐ意味もあり、日本企業に半導体などの先端技術をタダ同然で教えた。そして日本企業がテレビや自動車を作れるようになると、それを大量に輸入した。反共防波堤である日本に早く豊かになって欲しかったからである。本国では、通信の巨人AT&Tを解体するなど、厳しい競争政策を取ってきたが、日本の電電ファミリーや電力ファミリーの談合には目をつぶった。高い電話料金や電力料金で潤ったファミリー企業が、ダンピングまがいの値段で米国に半導体を輸出しても、決して文句を言わなかった。

だが1989年にベルリンの壁が崩れ、冷戦が終わると、状況は一変する。米国は日本を庇護の対象ではなく、対等な競争相手とみなし、日本の総合電機の競争力の源泉となっていた談合構造を切り崩しにかかった。それが「日米貿易摩擦」であり「日米構造協議」だ。

日米構造協議の過程で始まったのが通信自由化と電力自由化である。自由化で閉鎖的な電電ファミリーと電力ファミリーの産業ピラミッドを両者ともに崩し、米国製の半導体、通信機器、発電タービンなどを買わせる狙いがあった。

「米国が牙を剝いた」と大騒ぎした割には、米国からの輸入は増えなかった。だが、日本の電機産業を弱体化させる効果はてきめんだった。

通信では新規参入した新電電グループとの価格競争が本格化したため、自由化前、年間4兆5000億円に近かったNTTグループの設備投資は2005年に2兆円まで減った。IPP（独立系発電事業者）との競争にさらされた電力10社もまた、設備投資はピークの5兆円から2005年以降は2兆円を割り込む所まで落ち込んだ（43ページの図参照）。

通信、電力からのミルク補給が9兆5000億円から4兆円に激減したのだから、電機業界はたまったものではない。NTTや東電に代わる収益源を探して右往左往していた各社に追い打ちをかけるように、2008年のリーマン・ショックで液晶テレビやデジタルカメラがパタリと売れなくなった。八方塞がりの状況で「GNP（国民総生産）企業」と呼ばれてきた日立は2009年3月期に製造業最悪となる7873億円の連結最終赤字を計上する。日立が「GNP企業」と呼ばれたのは明治維新以降、「国づくり」の根幹である電力・通信インフラを作る日立の業績が、日本のGNPと常に同じ軌道を描いてきたからである。だがリーマン・ショック以降は、東電とNTT両グループに依存する過去の成長方程式が通用しなくなったのである。

電力ファミリー瓦解のプロセス

リーマン・ショックから立ち直る暇もなく、さらに大きな衝撃が電力ファミリーを襲う。2011年3月に起きた東京電力福島第一原子力発電所の事故である。

津波による全電源停止で1、3、4号機が水素爆発を起こした。このうち1号機は米ゼネラル・エレクトリック（GE）、3号機は東芝、4号機は日立がそれぞれ設計した。このため事故発生と同時に東芝と日立は現場に数百人の技術者を送り込み、炉心の冷却や汚水処理に当たった。

しかし東芝が担当した汚水処理システム「ALPS（多核種除去設備）」はうまく機能せず、日立の「高性能ALPS」に置き換えられた。東電を含めた電力ファミリーが総力を挙げて事後処理に当たっているわけだが、いまだに溶け出した核燃料の在《あ》り処《か》はわからず、炉心を冷やす過程で発生する汚水は増える一方で、貯蔵タンクは間も無く満杯になる。

原発の安全神話を支えてきた電力ファミリーの、技術面の限界が露呈した。国内での新規原発建設は絶望的となり、原発事業を続ける以上、海外に活路を求めるしかなくなっ

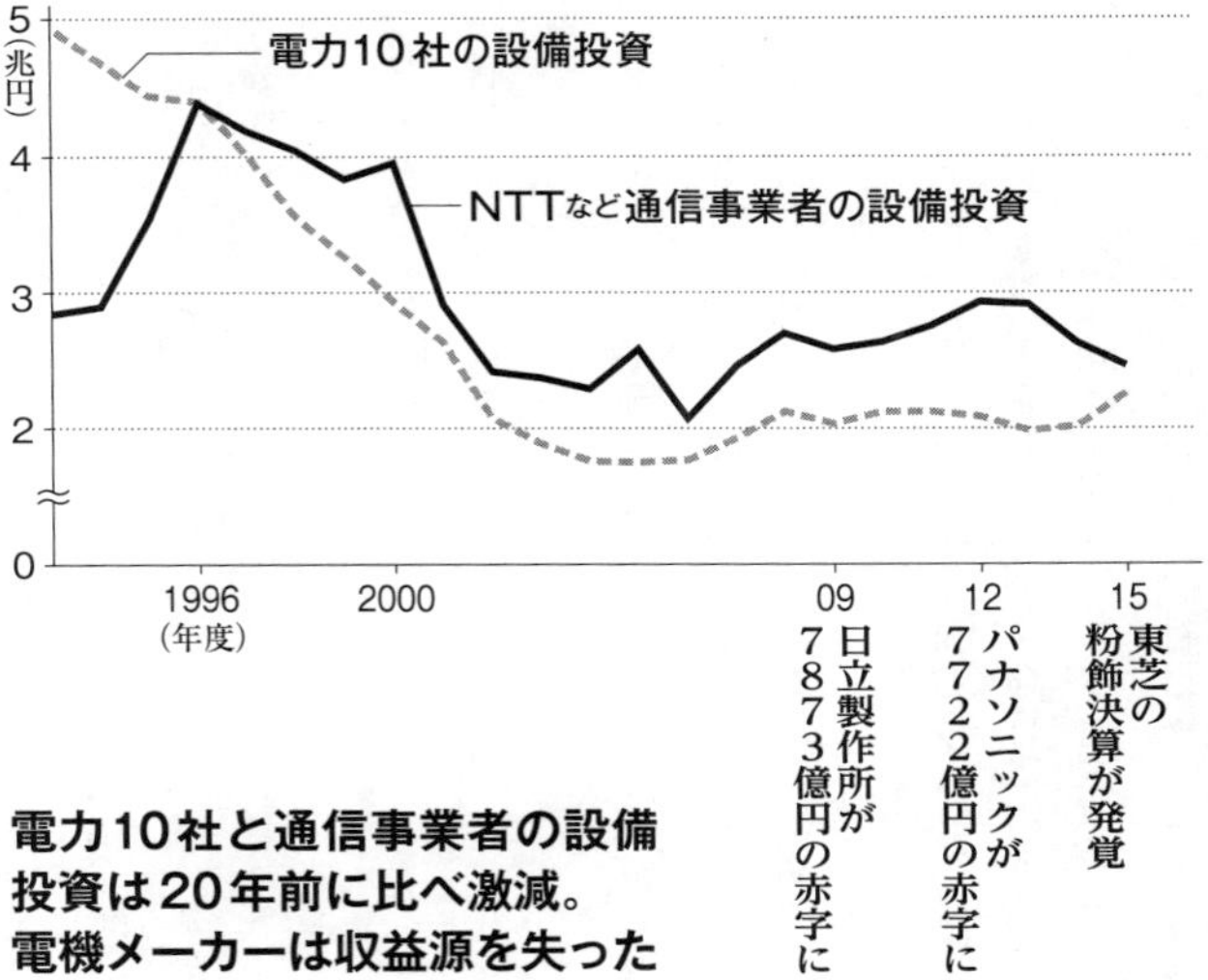

電力10社と通信事業者の設備投資は20年前に比べ激減。電機メーカーは収益源を失った

た。だが新たな国策である「原発輸出」の先頭に立つべき東電は国有化によって無理やり生きながらえている状態で、巨額の損害賠償金を背負って身動きが取れない。

東芝解体を含め、いま、我々が目《ま》の当たりしている電機業界の壊滅は、東電という「家長」を失った電力ファミリーの瓦解プロセスに他ならない。

東電福島第一原子力発電所の事故と東芝の粉飾事件は偶然重なったのではない。東電は福島第一原発の防潮堤の高さを当初計画より低くしていた。それは電力自由化で「普通の会社」になった東電が、普通の会社と同じように設備投資を減らそうとしたからだ。しかし一度暴れ出せば人間の手に負えなくなる原発は、普通の会社に管理できる代物ではない。今回の事故では、廃炉にかかる費用や賠償が民間企業の手に負えない規模になることがはっきりした。そして東電からの〝ミルク補給〟を受けられなくなった東芝は、粉飾に手を染めた。

電機メーカーの敗戦

戦後、巨万の富を分け合ってきた電力ファミリーの瓦解。それは新たな産業秩序の始まりでもある。

2015年に稼働した沖縄電力・吉の浦火力発電所（沖縄県中城村）は同社初の天然ガス発電所だ。そのガスタービンを納入したのは独シーメンスである。電力10社が外国製のガスタービン設備を導入したのはこれが初めて。電力ファミリーによる「鎖国」が終わった瞬間だ。

シーメンスは米ゼネラル・エレクトリック（GE）と並ぶ世界の2大火力タービンメーカーだが、そのシーメンスですら日本市場には参入できなかった。

しかし、法人向け、家庭向けの両方で電力小売りが自由化され、新規参入組と競争しなくてはならなくなった電力会社は、コスト高の電力ファミリーを優遇している余裕を失った。原発の新設がないとすると、2030年までには4800万キロワット近くの火力発電投資が必要になるとされるが、電力会社は設備投資を圧縮するために海外メーカーの設備を導入するだろう。電力会社の設備投資を全て電力ファミリーで山分けする時代は二度と戻ってこない。

岡山県瀬戸内市で日本最大級のメガソーラーを建設・運営するのは日本IBMやゴールドマン・サックス証券などの企業連合だ。ソフトバンク子会社のSBエナジーは、島根県、愛媛県など全国20ヵ所以上に風力、太陽光発電所を建設した。

新興勢の脅威にさらされた電力ファミリーは生き残りのための再編に動く。日立製作所と三菱重工業は2014年2月、火力発電機器事業を統合し、三菱日立パワーシステムズを設立した。

日立は創業以来、タービンを生産してきた茨城県日立市の「海岸工場」の建屋を新会社の傘下に入れた。新会社の出資比率は三菱重工65%に対し、日立35%。名門同士の事業統合は意地の張り合いに陥りがちだが、絶体絶命の巨額赤字を経験した日立がプライドを捨てることで統合は実現した。

赤字事業を大胆に切り離して業績を回復させた日立会長の中西宏明は「再び米ゼネラル・エレクトリック(GE)と勝負できるレベルを目指す」と強気に語るが、2016年

3月期の営業利益は6000億円台。GEの4分の1の水準だ。自由化後に喪失した国内電力・通信事業の利益を埋めるには至っていない。

電電ファミリーと電力ファミリー。戦後の日本の電機産業を支えてきた、この二つの産業ピラミッドが瓦解したことが、「電機全滅」の最大の原因なのである。

各社ともに、ここからが正念場

それは避けようのない不可抗力であり、日本の電機産業は「負けるべくして負けた」のだろうか。そうではない。敗戦を避ける道はあったし、この先に復活の可能性がないわけでもない。試されているのは「変化する力」だ。

2011年まで従来型携帯電話で世界シェア1位だったフィンランドの通信機器大手ノキア。同社はスマホへのシフトが遅れて2013年に経営危機を迎えた。2014年には主力の携帯端末事業を米マイクロソフトに54億4000万ユーロ（約6500億円）で売却し、事業領域を通信インフラに絞り込んだ。この時日本では「ノキアは終わった」とまで言われた。

しかしノキアはその後、シーメンスとの通信インフラ合弁会社を完全子会社化し、2016年1月には最大のライバルである仏米合弁のアルカテル・ルーセントを156億ユーロ（約2兆円）で買収した。現在ノキアは世界最強の通信インフラ企業であり、携帯端末で世界一だった頃と遜色のない利益を叩き出している。

電電ファミリーと電力ファミリー。二つの巨大な産業ピラミッドに組み込まれていた日本の電機産業は、社会主義的な〝ミルク補給〟を受けられなくなったことで体力を失い、パラノイド（偏執狂）的に攻めてきた海外勢になす術もなく敗れた。ピラミッドが瓦解したいま、各社は「自分たちが生きていける場所」を懸命に探している。

過去30年の失敗に次ぐ失敗で、資本は限界まで磨り減ったが、日本の電機産業にはまだ人材と技術と経験が残っている。ノキアのように変貌することは、まだ可能だ。

しかし正しく生まれ変わるためには、いつどこで何を間違えたかを、学ばなくてはならない。次章からは一社ごとに、失敗の本質と未来への展望をじっくり分析・点検していくことにしよう。

1 東芝

「電力ファミリーの正妻」は解体へ

待ちうける〝廃炉会社〟への道

連結売上高約5兆7000億円（2016年3月期）、従業員数約19万人の巨艦・東芝がいままさに沈もうとしている。2015年に、過去7年間で約2300億円に及ぶ粉飾決算（利益の水増し）が発覚し、歴代3社長が辞任した。だが、それは序章に過ぎなかった。

2年後の2017年2月、東芝の原発事業が抱える深い闇が次々と明らかになり、原発事業が生んだ約1兆円の損失を穴埋めすべく、同社にとって唯一の成長分野だった半導体事業の売却が決まった。

142年の歴史を持つ名門企業、総合電機大手の東芝はこの時点で「消滅」した。それは東京電力、NTTに依存した日本の電機産業の「終わり」を意味する。

最後の柱まで売りに出した

2017年2月14日に東芝が東京・浜松町の本社で開いた記者会見は異様なものだった。本来ならばこの日、東芝は2017年第3四半期決算を発表すると同時に、同社の子会社で、米国の原発建設サービス会社のストーン&ウェブスター（S&W）の減損損失額を確定させるはずだった。減損損失とは、投資額の回収が見込めない資産の価値を切り下げる会計（減損会計）によって計上される損失で、東芝は前年末に「（S&Wの減損損失額は）数千億円規模」と曖昧な説明をしていた。

だが、定刻の午後4時を過ぎても記者会見は始まらない。

「今日は、決算発表はいたしません」

広報担当者の突然のアナウンスに、詰めかけた報道陣がざわめく。決算発表は1ヵ月延期されることになった。監査委員会との話し合いがまとまらなかったという。米原発子会社のウェスチングハウス（WH）で経営陣が現場に「不適切なプレッシャー」をかけていた疑いも持ち上がり、調査中であることも明らかになった。

同日18時30分、綱川智《つなかわさとし》社長、財務担当の平田政善専務ら経営陣が事情説明のために会見場に現れた。

綱川は「監査法人の承認はまだ得ていないが、東芝としての見通しを発表する」と前置きした上で、2017年度第3四半期決算とS&Wの減損損失額の「見通し」を示した。「数千億円規模」とされていたS&Wの減損損失は7125億円。この損失を計上することで2016年12月期の東芝の自己資本はマイナスの1912億円になる。事実上の倒産を意味する債務超過である。

期末の2017年3月までこの状況が続けば、主力銀行は東芝への融資を「不良債権」と分類せざるを得なくなり、新規の投融資が実施できなくなる。資金繰りが行き詰まれば本当に会社が倒れる。債務超過を解消するため、東芝は最大の黒字部門である半導体事業を分社化し、その会社の株式を売却することを決断したのだった。

当初は東芝の経営権を維持するため半導体会社株式の売却は「20%未満」としていたが、この日、綱川は「マジョリティー確保にはこだわらない」と方針転換を明らかにした。原発の減損損失があまりに大きかったため、半導体事業を事実上、売却するところまで追い込まれたのだ。

東芝の半導体事業はスマートフォンなどに使われるＮＡＮＤ型フラッシュメモリーが主力である。ＮＡＮＤ型フラッシュメモリーが作れるのは東芝と韓国のサムスン電子など数社に限られ、中国のスマホメーカーの急成長を受けて「作った分だけ売れる」という好況が続いている。東芝の半導体会社を時価で評価すれば「2兆円の価値がある」とされている。

すでに原発事業で出た損失の穴埋めに成長分野のメディカル事業をキヤノンに６６５５億円で売却した東芝にとって、ＮＡＮＤ型フラッシュメモリーは残された唯一の成長事業だ。それを売るということは、東芝は自力再生の可能性を失うということになる。東芝に残る主力事業は、どこまで損失が拡大するか分からない泥沼の原発事業だけである。

「不適切な会計」「悪意はなかった」のウソ

ここで東芝崩壊のプロセスを簡単にふりかえっておこう。人気アニメ「サザエさん」のスポンサーとしても親しまれてきた総合電機の名門、東芝。その崩壊が始まったのは２０１５年春だった。

過去７年間で約２３００億円に及ぶ粉飾が発覚したのは、証券取引等監視委員会に送られた１通の内部告発文書がきっかけだ。

東芝はこの粉飾を「不適切な会計」と呼び、悪意がなかったことを強調した。しかし第三者委員会による調査の結果、西田厚聰《あつとし》、佐々木則夫、田中久雄の歴代３社長が利益の水増しに関与していたことが分かり、この３人と当時の財務担当役員ら５人が辞任した。

過去に二人の経団連会長を出し、その他のＯＢも財界の要職を占めてきた名門企業が起こした前代未聞の不祥事に世間は啞然としたが、新聞をはじめ多くのメディアは大スポンサーである東芝に寛容だった。東芝が言うとおり、この事件を「不適切な会計」と呼び、「粉飾」とは書かなかった。「潔くトップが辞めたのだから、これで事態は収束に向かうだろう」と論陣を張る新聞もあった。

だが約２３００億円という空前の粉飾は、実は、東芝の真ん中にぽっかりと口を開けた巨大な闇を隠すための化粧に過ぎなかった。

東芝はなぜ粉飾決算に手を染めたのか。巨大な闇の正体を探って行くと、日本の電機産業が抱える構造的な欠陥に突き当たる。

報告書が触れなかったもの

世間は東芝による粉飾決算の中身を、（東芝が立ち上げた）第三者委員会が2015年7月20日に公表した報告書によって知った。この報告書、読み物としてはなかなか面白い。

〈西田厚聰社長は、全社非常事態であるとして、PC&ネットワーク社に対して（中略）第1四半期の営業利益について、提出値である52億円に30億円をプラスした82億円を達成するようチャレンジを求めた〉

〈佐々木則夫社長は、上期の営業利益のチャレンジ値である89億円の赤字に全く達していないことなどから、『全くダメ、やり直し』と発言した〉

〈2013年9月13日、田中久雄社長は久保誠副社長に対し『極秘の相談』であるとして（中略）少しバイセル借金（注：東芝がパソコン事業で利益かさ上げのために使ってきた手口のひとつ）を増やして、何が何でもデジタルプロダクツ&サービス社を99億円の赤字までに止めたいと思っています、と述べた（中略）これに対して久保誠副社長は『田中久雄社長が決断された場合は、100%従いますし、ベストを尽くしますが、私はバイセルを増やすことは反対です』と回答している〉

西田、佐々木といった大物経営者が他の役員を脅し、なだめ、粉飾に手を染めさせていく。まるでテレビドラマを見ているようだ。

スリリングな場面がちりばめられた報告書は294ページという長さにもかかわらず、一気に読み通せる。筆を執ったのは、委員長の上田廣一（元東京高等検察庁検事長）か、それとも委員の松井秀樹（丸の内総合法律事務所共同代表弁護士）か。いずれにせよ、かなりの文才の持ち主である。

報告書が提出された翌日の7月21日、現社長の田中久雄が神妙な顔で記者会見し、自分を含め歴代3社長の辞任を発表した。一種の自浄作用ととらえられなくもない。

だが落ち着いて考えれば、これが茶番であることが分かる。第三者委員会は公的な調査機関ではない。上田や松井は東芝が選定し、東芝が金を払って雇った委員である。彼らは東芝に頼まれ、東芝に頼まれたとおりの報告書を書いたに過ぎない。

〈本委員会の調査の結果、東芝において、不適切な会計処理が継続的に実行されてきたことが判明した。（中略）誠に驚きであるとともに、様々なステークホルダーの信頼を裏切る結果をもたらすものであり、誠に残念なことと言わざるを得ない〉

東芝を厳しく指弾しているようだが、同社が「触るな」と言った原発事業には触れていない。利益の水増しについては最後まで「不正」「粉飾」という言葉を使わず「不適切」と記している。「不適切」には「悪意のないミステイク」というニュアンスがある。

報告書が、西田、佐々木、田中の3氏が「チャレンジ」や「工夫」と称して不正を指示したシーンを必要以上に生々しく描写しているのは、報告書に信憑性《しんぴょうせい》を持たせるためだろう。「手抜きをせずに調査しました」と世間にアピールしているわけだ。

約2300億円の利益水増しを積み上げる過程に関わった東芝社員は数百人か数千人か。いずれにせよ「社長と財務担当役員しか知らなかった」というのは理屈が通らない。実際にはもっと多くの役員、社員が組織的に関わっているはずだが、報告書は歴代3社長と財務担当役員らだけを悪者に仕立て、その他の共犯者を守ろうとしているように読める。

報告書のもう一つの狙いは、東芝が抱える巨大な闇から世間の目をそらせることにあった。闇の中心は東芝が2006年に買収した米原子炉メーカーのウェスチングハウス（WH）だ。

結論を先に言えば、東芝はWH関連で約1兆円の減損損失を計上することになる。約2300億円の粉飾は、原発事業という、東芝にとっての母屋がメルトダウンしている真実を隠すための行為だった。

高くついた「お買い物」

米国初の商業原発を作ったことで知られるWHは、米ゼネラル・エレクトリック（G

E）、仏アレバと並ぶ原子力の巨人だ。2006年に東芝が54億ドル（当時の為替で約6600億円）で発行済み株式の77%を取得した。米国で最初に原発を動かした名門企業を手中に収めた買収当時の社長西田厚聰は、有頂天だった。

業績不振のWHが売りに出されたとき、三菱重工業など他の原発大手も名乗りを上げた。だが東芝のあまりに果敢な攻めっぷりに呆れ返り、競合他社は次々に入札から降りた。当時、新聞の取材を受けた三菱重工の幹部はこう語っている。

「WHの価値は、普通に計算すれば2000億円。せいぜい積んでも3000億円まで」

ところが東芝は相場の3倍の札束を切って、ライバルを振り落した。福島第一原子力発電所の事故を経た今となっては、暴挙にしか見えないが、当時のメディアは「快挙」と称えた。スリーマイル島やチェルノブイリの事故の忌まわしい記憶が薄れ、地球温暖化の元凶である二酸化炭素を排出しない原発は「クリーンな電源」として見直されつつあったからだ。

スリーマイル島事故の後、原発の新設が止まっていた米国でも「ニュークリア・ルネサンス（原子力復興）」が叫ばれ、30年ぶりに原発の新規建設が始まろうとしていた。重電系のアナリストは「2030年までに世界で150基が新設され、市場規模は30兆円に達する」と景気のいい予測を出した。

「（東芝は）2015年までに、世界で39基の原子炉受注を計画している」

WHを買収した数年後、西田の後を受けて社長になった佐々木は経営方針説明会で大見得を切った。原子力アレルギーの強い日本でこそ原発の新設は難しいが、米国は「ニュークリア・ルネサンス」と言っている。電力不足解消のため原発を欲しがる新興国も数多《あまた》ある。ならばテレビやスマホの代わりに原発を輸出すればいい。インフラ輸出——それは東芝単独の意思ではなく、時の経済産業省や首相官邸が日本経済再生を託した「国策」だった。

メディアは巨額買収を決断した西田を「カリスマ経営者」と持ち上げ、6600億円という買収金額の妥当性を吟味しなかった。佐々木が言うとおり39基の新規建設を受注できれば、1基5000億円として約20兆円規模の売上が立つ。「6600億円など安いもの」という東芝の説明を誰もが鵜呑みにした。メディアもアナリストも、電機大手の中で脆弱な東芝の財務体質を顧みるという、基本動作を怠ったのである。

西田の野望

なぜ東芝は背伸びをしたのか。いくつかの理由がある。

第一に、このころの西田は大きな野望を持っていた。東芝にとって石坂泰三、土光敏夫以来となる経団連会長の椅子を射止めることだ。

西田は東大大学院で西洋政治史を研究した業界きってのインテリ。英語にも堪能でイラン人の妻を持ち、欧州、米国に駐在経験がある国際派だ。東芝の本流である重電畑ではないが、「ダイナブック」で知られるパソコン事業を立ち上げて、頭角を現した。

2003年にパソコン事業担当の専務になると、10－12月期に142億円の営業赤字だった事業をわずか数ヵ月で黒字に変えた。2004年同期のパソコン部門の営業損益は84億円の黒字となり、業界では「西田マジック」と呼ばれた。

当時会長だった西室泰三は、この辣腕に目をつけ、西田を社長に選んだ。だが西田は東芝の社長で満足する男ではなかった。

「自分ほど次期経団連会長にふさわしい人間はいない」

自信家の西田がそう自負していたのは誰の目にも明らかだった。財界総理の椅子を確実なものにするには、周囲を黙らせる「実績」がいる。西田はWH買収という大型M＆Aを実現することで、経営者としての評価を高めようとした。

その西田の野望を側面支援したのが経済産業省である。テレビやスマホほか、デジタル分野における国内電機大手の競争力低下に頭を悩ませていた同省は、原発などの社会インフラを海外に輸出することを産業政策の柱にしようと考えた。

「原発推進」は戦後一貫した経産省の基本政策である。だが国内の新規原発建設は電源開発（Jパワー）の大間原子力発電所を最後に途絶えている。「このままでは技術継承すら難しくなる」と考えた経産省、東電、原子炉メーカーは「原発輸出」で歩調を合わせた。あるいは原発輸出の政策を前に進めるために、経産省が西田に「国策に貢献すれば経団連会長の椅子が近くなる」と囁《ささや》いたのかもしれない。

この時、原発事業の門外漢である西田を支え、WH買収戦で獅子奮迅の働きを見せたのが、電力システム部門トップにいた佐々木則夫である。入社以来、原発一筋の佐々木は首尾よく大型買収をまとめ、その論功行賞により、西田の次の社長を任された。

東芝人事抗争史

2009年に社長の座を佐々木に譲り、自らは会長に収まった西田は、万全の態勢で2010年の経団連会長レースに臨む。当時の経団連会長はキヤノンの御手洗冨士夫である。

多くの会社がリーマン・ショックで業績を大幅に悪化させ「経団連会長どころではない」状況だった。東芝も赤字にはなったが、ライバルの日立製作所が計上した7000億円規模の赤字に比べると、3000億円程度の赤字は「かすり傷」に見えた。今にしてみれば、東芝は粉飾で軽傷を装っていただけなのだが、当時はこれも「西田氏の経営手腕」ともてはやされた。

これと言った対抗馬もなく、下馬評では早い段階から「次は西田」とされ、本人もすっかりその気になっていた。ところが思わぬ問題が起こる。経団連に加盟している複数の企業から、「一つの会社から経済団体の長が二人出るのはいかがなものか」と異論が出たのだ。東芝相談役の岡村正が日本商工会議所の会頭を務めていたのである。

西田は岡村が会頭を辞めてくれると思っていた。岡村が会頭に就任したのは2007年、もう2年はやったのだから、東芝の悲願である土光敏夫以来の経団連会長を出すために「すんなり身を引いてくれる」と考えていたのだ。

ところが岡村は商工会議所の会頭を辞めなかった。岡村の前任で「東芝のキングメーカー」だった相談役の西室泰三も「西田君はまだ早い」と言い出した。

西室がなぜ西田の経団連会長就任を阻止したかには諸説ある。西田を岡村の後の社長に選んだのは他ならぬ西室である。西田が粉飾に手を染めていることは西室もよく知っていた。自分が社長の時、パソコン事業担当役員だった西田の「チャレンジ」を「経営手腕」と評価したのは、他ならぬ西室だ。清濁併せ呑む西田のやり方を西室は高く評価していたが、その強引な経営手法は佐々木、田中へと引き継がれるたびにエスカレートし、粉飾は制御不能になっていった。

経団連副会長、東京証券取引所会長などを歴任し「肩書コレクター」と呼ばれた西室は、「東芝が経営破綻すれば、自分の地位も危うくなる」と危惧したかもしれない。東芝が粉飾の発覚で大騒ぎになっていたころ、西室は政府に要請されて株式上場を控えた日本郵政社長に就いており、首相の戦後七十年談話に関する有識者会議の座長も務めていた。西室はいわば国の「お抱え財界人」であり、この時期にスキャンダルに巻き込まれるわけにはいかなかった。

前述したように、1通の内部告発が証券取引等監視委員会に届いたのは、西室、西田、佐々木が互いに疑心暗鬼になり始めた微妙な時期のことだった。

会長が社長を誌上で「公開批判」する泥沼

最初の告発はパソコン事業をめぐる粉飾決算についてである。パソコン事業は西田のテリトリー。つまり西田をよく思わない勢力からの攻撃だ。そしてまもなく、証券取引等監視委員会に2通目の告発が届く。今度は原発など社会インフラ事業をめぐる粉飾だった。原発は佐々木のテリトリー。当然、佐々木を貶《おとし》めることが目的だったはずである。真相は不明ながら、こうした経緯もあり、西田・佐々木の対立構造が少しずつ表面化していくのである。

「東芝の役員室で、何かが起きている……」

東芝経営陣の腐敗ぶりを世間が知るところとなったのは2013年2月、田中久雄の社長就任を発表する記者会見の席上だった。当時会長の西田は田中に向かってこう発言した。

「もう一度、東芝を成長軌道に乗せてほしい」

すると当時社長の佐々木が、ムッとした表情でこう返したのである。

「東芝を成長軌道に乗せる私の役割は果たしたと思う」

めでたい新社長お披露目の席で、会長と社長の反目が白日のもとに晒《さら》された。

二人の罵り合いは激化していく。株主総会を控えた5月、西田は『週刊現代』のインタビューで「佐々木批判」をぶちまけた。

〈佐々木を社長に指名したのは僕です。選んだ僕に責任がある。そこは認めます。ただ、このままだと東芝の将来がとんでもないことになってしまうと思ったのも事実です。社長を新しい人にかえて、もう一度東芝の再生を図らないと、大変なことになってしまうと〉

そう前置きした上で、西田は佐々木の欠点を具体的にあげつらった。

〈彼は社内で会議ばかりやっていてトップセールスをしない〉

〈海外経験が乏しく英語が苦手〉

〈株価で日立製作所に負けている〉

企業に内紛はつきものだが、前任者が公の場で現役の社長をここまで悪し様に言うのは前代未聞だろう。東芝の社長交代では社長が会長に昇格し、会長は退任するのが習わしだが、この年の人事では西田が会長にとどまり、社長の佐々木は中二階の副会長に棚上げされた。西田の佐々木に対する不信感の度合いがわかる。

なぜ、西田はここまで怒りを露わにしたのか。

当初は「佐々木氏へのやっかみ」という説が有力だった。自分が、あれほど渇望したのに届かなかった経団連会長のポスト。原発推進で政府の覚えめでたい佐々木は「経団連会長の待機ポスト」とされる経済財政諮問会議議員に就任し、財界人としての地歩を着々と固めつつあった。

「俺が社長にしてやったのに、なんで俺のなれなかった経団連会長にお前がなれるんだ」

西田の胸中には、そんな憎悪が渦巻いたのかもしれない。

かくして粉飾の「共犯者」だった二人の間に深い溝が生まれ、そこから隠してきた真実が染み出し始めた。日本の産業史上、最悪の粉飾が発覚し、事実上の解体が決まったいま、もう二度と東芝出身者が経団連会長になることはないだろう。粉飾発覚のきっかけが、張本人二人の確執であったことは、まさに皮肉としか言いようがない。

「成長事業」がない悲劇

問である。

ここで一つの疑問が浮かび上がる。粉飾のそもそもの原因を作ったウェスチングハウス（WH）という企業に「そもそも6600億円もの価値があったのか」という、根本的な疑問である。

WHはゼネラル・エレクトリック（GE）と並ぶ米重電の名門企業だが、1990年代に入ってから経営難が続いていた。1999年には英国核燃料会社（BNFL）に2000億円弱で買収される。だがBNFLもWHの建て直しには手を焼き、結局、わずか7年で手放す決断をした。

そこに食いつき、6600億円で手に入れたのが東芝だった。「原発輸出」という国策を推進するためとはいえ、明らかに張り込み過ぎである。

身の丈を超えたWHの買収で東芝のバランスシートは傷んだ。2007年3月期に計上した「のれん代」は7467億円で、前の期の約6・5倍に膨らんでいる。のれん代とは買収した会社の正味価値と買収金額の差額、つまり買った会社の「将来価値」を指す。7467億円すべてがWHののれん代ではないが、半分以上がWH関連だと推察できる。

西田が言った33基、または佐々木が言った39基の原子炉が新規受注できていたら、WHの企業価値はグッと高まり、3000億円という巨額の「のれん代」も償却できたかもしれない。だが33〜39基という計画はそもそも6600億円という高値摑みのつじつま合わせだった。ウソを隠すためにウソをつく。経団連会長を目指す西田や佐々木の「無理」が、東芝を負のスパイラルに巻き込んでいった。

東芝がWHという巨大なリスクを背負い込んだもう一つの理由は「フロンティアの欠乏」である。WH買収を決めた2006年当時、「液晶パネル」の波に乗り遅れた東芝には、将来を託せる「成長事業」がなかった。

2004年、キヤノンと共同出資会社を設立して量産を目指した次世代ディスプレー「SED（表面伝導型電子放出素子ディスプレー）」の開発は難航し、白物家電もジリ貧が続く。膠着《こうちゃく》状態を抜け出すため、東芝は原発に賭けた。

ところがその直後にリーマン・ショックが起こり、強引な投資は「凶」と出てしまった。そして2011年、失策に追い打ちをかけるかのように東日本大震災が発生する。福島第一原発が水素爆発を起こしたその日から、世界の原発建設計画は、その大半が中止または凍結された。39基どころの騒ぎではなくなってしまったのである。

まともな会社であれば、のれん代回収の見込みがなくなったこの時点で、WHの企業価値を切り下げる減損処理をするはずだ。だが西田と権力闘争の真っ最中だった佐々木は、震災から1ヵ月後の2011年4月、通信社などのインタビューでこう語っている。

「WHは（原子炉の）メンテナンスと燃料供給が主な収益源だから、新規の原子炉建設が少しくらい遅延しても減損にはならない」

そんなはずはない。39基を建設する前提で6600億円を投じた事業で、新規の受注がほぼ止まってしまったのだ。減損するのが真っ当な経営者の感覚である。

銀行かアナリストかメディアか。日本が正常な状態であったなら、誰かが「おかしい」と声を上げただろう。しかしこのとき世間の目は、不気味に白煙を上げる福島第一原発に釘付けになっていた。そして多くの原発技術者を抱える東芝は、この絶体絶命の危機を収束させる救世主としての期待を集めていた。東芝のバランスシートには誰も注目しなかった。

見逃された死角

それでも東日本大震災の影響で東芝の原発事業がただならぬ状況に追い込まれていることが、垣間見えた瞬間がある。2014年3月期決算だ。

当時、東芝の監査人だった新日本有限責任監査法人は、東芝がWHと米国で進めていた新規の原発建設計画「サウス・テキサス・プロジェクト（STP）」について、減損処理を求めた。事業が計画どおり進んでいないのだから「WHの企業価値を見直すべきだ」と主張したのである。

STPは東芝と東京電力が米電力大手のNRGエナジーと組んで進めていた原発建設プ

ロジェクト。東芝はこのプロジェクトに出資と融資で600億円をつぎ込んでいた。しかし東日本大震災で福島第一原発という底なしのリスクを背負い込んだ東電は、海外で原発を運営するどころではなくなって、この案件から撤退。NRGエナジーも追加投資を中止した。

これでSTPが稼働するめどは立たなくなった。東芝はこの事業に600億円を投じているのだから、プロジェクトが止まった時点で減損処理をするのが会計の原則である。だが東芝は「新たなパートナーを探してプロジェクトを継続する」と主張し、減損を拒み続けた。

結局、STPに関しては監査法人の新日本が主張を通した。東芝はしぶしぶ2014年3月期決算で310億円の減損を計上する。東芝が新たなパートナーを見つけたとしても、プロジェクトの進行が遅れる以上、減損は当然である。

本来なら、メディアやアナリストはここで気づくべきだった。

STPが減損なら、その事業主体であるWHの企業価値も減り、必ず減損損失が出るはずである。新日本がSTPの減損を求めたのは、東日本大震災を境に東芝の原発事業計画が大きく狂ったからだ。ならば、WHや東芝本体の原発事業計画を見直すべきである。

新日本は再三にわたって東芝にWHの減損を促した。だが東芝は半ば新日本を恫喝《どうかつ》して減損を拒んだ。東芝と新日本が水面下で激しくぶつかり合っている事態に、メディアやアナリストが気づくことはなかった。

東芝自体がメルトダウン

東芝にはＷＨをどうしても減損処理できない事情があった。

西田、佐々木時代にＷＨを含めた積極的なＭ＆Ａを展開した結果、東芝のバランスシートには総額で1兆円を超すのれん代が計上されていた。ＷＨを減損対象にすると、そののれん代の大半がバランスシートから消えることになり、株主資本1兆4000億円の過半が吹き飛ぶ。一度パンドラの箱が開けば、債務超過から銀行区分で言う「破綻懸念先」へと真っ逆さまに転げ落ち、新規融資が受けられなくなって、経営破綻に至る恐れがあった。

原発以外の事業が十分な営業利益を稼げていた時代なら、監査法人もＷＨの「のれん代」に目くじらを立てなかった。しかしリーマン・ショックの後は、白物家電、パソコン、テレビなど民生部門が軒並み赤字になり、営業利益の水位が大きく下がった。利益という「冷却水」を失った東芝では、ＷＨという名前の「炉心」がむき出しになり、溶け始めていたのである。

しかし東芝はＷＨのメルトダウンを簡単には認めなかった。東日本大震災の直後に受けた新聞のインタビューで西田は次のように語っている。

「国が意思決定してくれれば、コンパクトシティでも、エコシティでも、実行部隊である我々企業が、世界最先端の街を作ってみせる」

地震で倒壊し、津波に流された町の再生に「企業も参画する」と言い、「元に戻すというより、災害に負けない町づくりを練り直す。『復興』より『創造』に近いイメージ」と東芝の総合力をアピールした。

だが、この時点ですでに東芝の炉心であるＷＨはメルトダウンを始めており、西田はそこに「粉飾」という名の冷却水を懸命にかけていたのだった。

序章でも触れたが、２０１３年、汚水処理の切り札として福島第一原発に導入された東芝製の「多核種除去設備（ＡＬＰＳ）」はトラブル続きで機能せず、その後日立製の「高性能ＡＬＰＳ」に置き換えられた。エコシティどころか、原発から溢れる汚水すらまともに処理できない。それが東芝の実力だった。

経済産業省が税金で助けてきた

リスクの種は原発だけではなかった。「選択と集中」をスローガンにした西田は、社長時代の２００８年、「半導体事業で向こう3年間に1兆円を投資する」とぶち上げた。第三者委員会の調査ではその半導体でも不正会計があったことが分かっている。

半導体の在庫評価は極めて難しい。どんなに優秀な会計士でも、様々な種類のチップの価格を正しく言い当てられるものではない。逆に言えば在庫の評価額などメーカーの胸三寸でいくらでも変えられるのだ。

半導体や液晶パネルといったデジタル分野ではこの種の「会計操作」が安易に行われている。パナソニックに買収された三洋電機では、半導体の主力工場が中越地震に直撃された際に「操作」が明るみに出て、経営破綻の一因になった。会社ぐるみで会計規律のタガが外れていた東芝が「操作」をしていない保証はない。

もう一つのリスクは「見せかけの集中」である。西田と佐々木は「原発と半導体に集中する」と言いながら、テレビ、パソコンなどの赤字事業をずるずる続けてきた。そしてこれら赤字事業のほとんどが、のちに粉飾の温床になる。赤字事業から撤退すると工場や在庫の価値が大きく下がり、ここでも巨額の減損処理を強いられる。西田、佐々木時代の東芝は、ずっとその決断を避けてきた。

そんな東芝を陰で支えてきたのが経済産業省だ。

2011年、東芝がスイスのスマートメーター・メーカー、ランディス・ギアを買収した際、経産省が大きな影響力を持つ官製ファンドの産業革新機構は買収総額の40%にあたる約550億円を出資して、東芝を助けた。

2012年には、東芝が日立製作所、ソニーと中小型液晶事業を統合したジャパンディスプレイにも産業革新機構が2000億円を出資している。液晶事業を持て余していた東芝を再び国が助けた形である。

2兆円の資金を持つ産業革新機構は、またの名を「経産省の隠しポケット」ともいう。ベンチャー支援、技術振興を隠れ蓑に、経産省が産業政策を進める上で必要な「実弾」を供給するのがこのファンドの役回りである。その産業革新機構がなぜ東芝を助けるのか。原子炉を作る東芝の経営が傾いては、原発を推進したい経産省と東電が困るからだ。

原発政策を推し進める経産省、原発を運営する東電、原子炉を作る東芝。東電と東芝は国の原発政策を遂行するための「国策企業」という顔を持っている。

日本の原子力研究は戦後、連合国の占領政策の中で禁止されていた。しかし東西冷戦中の1953年、米国は核戦略を転換し、同盟国である日本にも「原子力の平和利用」を促すようになった。

これを受けて日本では1956年に日本原子力産業会議（現日本原子力産業協会）が立ち上げられ、英国や米国に技術視察のための民間使節団を送った。これに加わったのが当時石川島重工業社長の土光敏夫だ。土光は国の原子力政策に従い「資源の乏しい日本は必要な電力を賄い産業を発展させるために原子力発電が必要だ」と論陣を張った。

国の原子力政策の中で、東芝、日立、石川島(現ＩＨＩ)はゼネラル・エレクトリック(ＧＥ)、三菱電機はウェスチングハウス(ＷＨ)と提携することになり、東芝は１９６６年、ＧＥと技術導入契約を結んだ。

この時点で、のちに日本の電機産業の背骨となる「原発利権構造」が産声をあげた。序章で述べたように、東電を始めとする電力10社は国民から集めた電気料金という名の「税金」で原発を建設する。その度に東電から巨額の資金が東芝、日立、三菱重工業といった「電力ファミリー」に流れる。

電力ファミリーは重電部門の極めて安定した収益を元手に、半導体、大型汎用コンピューターといった「金食い虫」のビジネスに進出した。

大型汎用機への進出で指揮を執ったのが経産省の前身、つまり通産省である。１９７１年に「特定電子工業及び特定機械工業振興臨時措置法」を定め、６社を集中的に支援した。富士通と日立には米ＩＢＭの互換機を作らせ、東芝とＮＥＣはハネウェル、ＧＥと提携、三菱電機と沖電気工業には独自路線の汎用機を開発させた。通産省はこの６社に対し、１９７２年からの４年間に５７０億円の補助金を出している。

半導体でも短期の投資回収が難しい最先端分野では、通産省主導の国家プロジェクトが乱立。ＬＳＩ（大規模集積回路）、超ＬＳＩなどでプロジェクトごとに数百億円の補助金が拠出された。

甘えの構造

だがこうした政策は二重の意味で日本の電機メーカーを弱体化させた。まず国の主導で集められた混成の国家プロジェクト開発チームには「何が何でも勝つ」という気迫がなかった。ＮＥＣの技術者が振り返る。

「国から人を出せと言われても、各社はそれぞれに開発競争をしているわけですから、エース級の人材は出しません。自分たちは何も持ち出さず、持ち帰れるものがあればめっけもの、くらいの感覚でプロジェクトに参加していました」

民間企業の投資のように成果が問われることもない。できもしないことに挑戦し「やっぱり無理だったな」で解散。今日に至るまで、エレクトロニクスの分野でこの種の国家プロジェクトが大きな成果を生んだことはほとんどない。

一方で企業にとってはジレンマもあった。国家プロジェクトに対抗するような研究・開発を単独で進めれば、国策に背いているようで、具合が悪い。「すぐにビジネスにならない難しい研究はお上に任せよう」という甘えが生まれた。

結果として日本の半導体メーカーは、国際競争でものの見事に敗北した。競争相手は『ONLY THE PARANOID SURVIVE（偏執狂だけが生き残る）』の著書で有名なアンディ・グローブが率いる米インテルや、同じ官民複合でも1桁上の開発・設備投資を遂行した韓国のサムスン電子である。腰の据わらない半官半民が太刀打ちできる相手ではなかった。

もう一つの弊害は「半導体で負けても会社は潰れない」というモラルハザードを生んだことである。世界市場で惨敗した日本の半導体メーカーは、撤退戦でも国家に依存した。NEC、日立の半導体メモリー事業をなかば救済、統合する形で設立されたエルピーダメモリには日本政策投資銀行が出資し、同じく日立、三菱電機、NECの半導体ロジック事業を統合したルネサスエレクトロニクスには産業革新機構が1383億円を出資している。

国は半導体に続き、液晶パネルでも国際競争に敗れた日本メーカーの敗戦処理を引き受けている。前述した、東芝、日立、ソニーの中小型液晶事業を統合したジャパンディスプレイ（産業革新機構が2000億円を出資）である。

こうした国と企業の関係は、放蕩息子が親のカネで博打を打っているようなものであり、経営者は「負けたら会社が潰れる」という危機感を持たずに巨額投資を続けてしまう。半導体や液晶パネルで負けても、電力10社とNTTの設備投資があるかぎり、干上がる心配はないからだ。

軍需産業としての顔

話を東芝に戻そう。東芝は日立とともに「電力ファミリー」「電電ファミリー」の両グループに属している。日本を代表する総合電機である両社は、どちらも「国策企業」なのだ。

あまり知られていないが、東芝には防衛装備部門があり、地対空ミサイルを開発・製造している。一方、原子炉は発電装置であると同時に、核兵器の原料となるプルトニウムの製造装置でもある。両方の技術を持つ東芝は「核ミサイルを作れる会社」だ。

「武器輸出三原則の緩和は大変喜ばしいこと」

日本防衛装備工業会の会長を務めていた西田は2012年1月11日、同工業会の賀詞交換会でこう語った。海外への武器輸出を原則禁じている「武器輸出三原則」では国際的な共同開発は難しかった。それが三原則の緩和によって国際的な武器の共同開発プロジェクトへの参画が容易になるからだ。防衛省が次期主力戦闘機（FX）に選定した米ロッキード・マーチンの「F35」——この国際的な共同開発機に日本企業が参画する可能性も出てくる。

西田はあるインタビューで「わが国周辺には軍事力増強の動きもあり、防衛省の要請に即応するには環境の整備が必要。東日本大震災以降、昼夜を分かたぬ自衛隊の活躍が続く。今こそなぜ防衛力が必要なのか学校で教育すべきだ」と力説している。テレビアニメ

「サザエさん」のスポンサーをしている「優しい東芝」とは全く別の顔である。

こうした二面性は総合電機に共通した特性だ。東芝はこのほか防衛省にレーダーシステムも納入しており、毎年、同省から500億円前後の受注を得ている。レーダー、空対空ミサイル、赤外線シーカーなどを手がける三菱電機は約1000億円、NECは無線通信装置などで約800億円、富士通は通信電子機器で約400億円を防衛省から受注している（いずれも2013年度実績）。

NECの全盛期に社長・会長を務めた関本忠弘は「年が明け、仕事始めで一番に挨拶に行くのは防衛庁（現防衛省）」と語っていた。日本の総合電機は「防衛」という紐帯《ちゅうたい》で国と深く結びついているのである。

設立時から国策企業

さらに時間をさかのぼろう。

東芝の歴史には、二つの源流がある。一つは「からくり儀右衛門」の名で知られる田中久重が創業した日本の重電メーカーの草分け、芝浦製作所。もう一つは「日本のエジソン」とされる藤岡市助が作った東京電気だ。この二つが1939年に合併して東京芝浦電気が発足し、1984年に東芝と改称した。

50代でからくり時計の最高傑作とされる「万年時計」を作った田中は、佐賀藩に招聘されて西欧の蒸気機関を研究、アームストロング砲も作った腕利きのエンジニアだ。晩年、70代で東京に進出して通信機を作る。

藤岡は国の使節としてアメリカに渡り、フィラデルフィア万国電気博覧会でエジソン電灯会社の白熱球に出会う。帰国後、藤岡はエジソンに手紙を書き、白熱球36個を工部大学校に送ってもらった。日本にも電力会社が必要であることを提言し、東京電燈（現在の東京電力）設立のきっかけを作る。

つまり東芝はその生い立ちから、国と密接な関係を持っていたと言える。白物家電やテレビ、パソコンといった消費財は、後に「副業」として始めたと言っても過言ではない。

デジタル化が始まると、東芝もＡＶ（音響・映像）事業が急成長し、１９９１年には伊藤忠商事とともに、米メディア大手のタイム・ワーナーに5億ドルずつ出資した。ソニーが米コロンビア映画を買収、松下電器産業（現パナソニック）が米ＭＣＡ（ユニバーサル映画）を買収するなど、ジャパンマネーが世界を席巻した時代である。

だがソニー、松下、東芝はポスト・マージャー・インテグレーション（ＰＭＩ、買収後の事業統合）に失敗する。ジャパンマネーの勢いに任せて買ってはみたものの、米メディア企業を経営するほど3社はグローバル化を遂げていなかった。

ソニーは雇い入れた経営陣の暴走を許し、映画事業で巨額の赤字を垂れ流した。出井伸之社長の時代にソニー・ピクチャーズ・エンタテインメントの経営陣を総入れ替えし、高い代償を払って同社をねじ伏せた。ソニーの模倣をしただけの松下、東芝には、そこまでの執着もなく、ほうほうの体でメディア事業から撤退している。

パソコン、液晶テレビ、デジタルカメラ、携帯電話、スマートフォン。総合電機による「副業」は、一時的に利益を生むことはあっても、最終的にはメディア事業と同様、ことごとく失敗に終わった。東芝の場合、これら副業のフリルが取り払われた後に残ったのは、彼らが唯一、自力で生み出した成長分野の半導体メモリー事業と、弱体化が進んだ「本業」、すなわち「電力ファミリー」の原子力事業だった。

「レグザ」や「ダイナブック」は「その他大勢」

東芝の2016年3月期の連結売上構成を見てみよう。セグメント別で最大の事業は電力・社会インフラ部門の36%。すべてがそうではないが、この部分が「電力ファミリー」としての稼ぎである。次に大きいのが電子デバイス部門の28%。スマートフォンなどで使われる半導体のNAND型フラッシュメモリーが主力製品だ。3番目が通信システムなどを扱うコミュニティ・ソリューション部門の25%。ここが「電電ファミリー」に関わる部分である。

つまり5兆6687億円の売上高の半分以上を「電力ファミリー」「電電ファミリー」に関わる部分で稼いでいる。我々が消費者としてよく知っている白物家電や液晶テレビの「レグザ」、パソコンの「ダイナブック」は、東芝において「その他大勢」でしかなかったのだ。

従業員数で見ても約5万4000人を擁する「電力・社会インフラ部門」が最大で、約5万人の「コミュニティ・ソリューション部門」がこれに続く。全従業員約19万人の過半が、この2部門に属している。

2016年3月期の東芝の連結決算。最終損益は4600億円の赤字だった。セグメント別の営業損益は、電力・社会インフラ、コミュニティ・ソリューション、ヘルスケア、電子デバイス、ライフスタイルの主要5部門のうち、ヘルスケアを除く4部門が赤字。そのヘルスケア事業は原発減損の穴埋めでキヤノンに売却した。

テレビCMにタレントの福山雅治を起用し、人気ブランドとなった液晶テレビ「レグザ」で知られるテレビ事業の2016年3月期の売上高は745億円。前期の1917億円に比べ半分以下だ。テレビ事業は継続が危ぶまれており、家電量販の店頭では安売りの目玉になって叩き売られている。

「ダイナブック」で知られるパソコン事業の売上高も前年度の6663億円から4436億円に激減した。パソコン事業については富士通、VAIOとの統合を模索したが交渉に失敗。当面、単独で継続するが、有効な打開策は示されていない。

「総合電機」の看板を掲げる東芝で、まともに利益を生んでいる唯一の事業はNAND型フラッシュメモリー。その他の副業は惨憺たる状況だ。

そして2017年2月14日、米国の原発事業に関して新たに7125億円の損失が発覚すると、ついに唯一の利益の源泉であるNAND型フラッシュメモリー事業の売却を決めた。

まさに「東芝解体」の危機である。

東芝の未来

これから東芝はどうなるのだろうか。

やはり真っ先に考えなくてはならないのは、粉飾決算の原因ともなった原発事業である。粉飾事件で明らかになったのは「原発事業は儲からない」ということだ。

福島第一原発の事故の後、ドイツは国として脱原発の方針を決め、国内最大の電機メーカー、シーメンスも原発関連事業からの撤退を表明した。米GE（ゼネラル・エレクトリック）社のジェフリー・イメルトCEOも「（事故のリスクなどを含めて考えると）原発事業をビジネスとして成り立たせるのは難しい」と述べ、会社全体に占める原発事業の比率を下げる方向に動いている。

だが福島第一原発の当事国である日本の政府は「原発推進」の旗を降ろしておらず、既存原発の再稼動を急いでいる。原発を推進し続けるには、原発プラントを建設し、メンテナンスする企業が必要だ。つまり東芝は政府にとって「潰してはいけない企業」なのだ。

だが、「副業」の大半が赤字になり、粉飾決算で市場の信用を失った東芝は、株式の上場維持が危ぶまれる。地方銀行が融資継続に消極的になり始め、原発事業を続けていく上で必要な資金の調達や人材の確保ができなくなる恐れがある。

原発プラントは金がなければ続かない事業だ。建設費用は1基5000億円。海外で受注する場合は「ベンダーファイナンス」といって、メーカーが買い手の電力会社や政府に資金を提供し、原発の運用利益から数十年かけて回収するケースも少なくない。

東芝は2016年3月期決算でWHの2600億円の減損処理を行い、さらに2017年3月期も7125億円を減損処理する。一方、半導体メモリー事業の売却が完了するのは2017年5月以降になる見通しであるため、当面、東芝は債務超過の状況が続く。

通常であれば、銀行は債務超過の企業を「破綻懸念先」に区分し、新規の融資は行わない。上場廃止の可能性すらある東芝が、原発事業を続けるための投資資金を調達するのは容易なことではない。原発の新規受注ができなければ赤字倒産、受注できても資金負担の重みで黒字倒産になりかねない。

原発業界はどこも同じような状況だ。東芝の国内のライバルは三菱重工業と日立製作所。三菱重工のパートナーである仏原発プラント大手、アレバは新型炉の事業がうまく立ち上がらず巨額赤字を垂れ流し、仏政府の支援でなんとか生きながらえている。

仏政府は三菱重工にSOSのシグナルを送っているが、三菱重工自体も鳴り物入りで始めた航空機事業が暗礁に乗り上げ、客船事業も不振。そこに弟分である三菱自動車の燃費データ不正問題が重なった。アレバには約3000億円を出資することを決めたが、これ以上、手を差し伸べる余裕はない。すでに述べたように、日立のパートナーであるGEも原発事業には及び腰だ。

これは「原発推進」の旗を掲げ続ける経済産業省にとって、実に不都合な状態である。原発推進のもう一方の推力である東京電力は廃炉に半世紀かかる福島第一原発と巨額の賠償を背負い、身動きが取れない。メーカーが「笛吹けど踊らず」では、原発政策を維持できなくなる。

この閉塞状態を打ち破るため、政府は日本政策投資銀行や産業革新機構といった「別ポケット」をフル活用して東芝救済に動こうとしている。

例えば日本政策投資銀行や産業革新機構が東芝のメモリー事業に出資したり、東芝、日立、三菱重工の原発プラント事業を統合し、そこに産業革新機構が出資する「日の丸原発構想」だったりが画策されている。日立、東芝、ソニーの中小型液晶事業を統合したジャパンディスプレイの原発版と考えればいい。

東電を国有化したのなら、原発プラントの建設・メンテナンス事業を手がける東芝も国有化し、国が前面に立って原発事業を推進しようという考え方だ。

GEのイメルトが語っているように、未来のない事業を民間企業が続けるのには無理がある。それでも国として「必要だ」と判断するのならば、国営事業として継続するしかないのかもしれない。しかし破綻企業を国が救済する社会主義的な政策は、これまで成功したためしがない。また東芝には、原発事業を手放した後、何で食っていくのか、という問題も残る。日立や三菱重工は厄介者の原発プラント事業を手放しても、社会インフラ、鉄道や航空宇宙といったビジネスが残る。しかし東芝はメモリーと原発を手放すと会社そのものが事実上、消えてしまうのだ。

度重なる減損で空いた大きな穴を埋めるために、東芝は半導体事業を切り離した。メディカル事業はキヤノンに、白物家電は中国の美的集団に売却した。そして原発は国有化。

この時点で総合電機の東芝は事実上、消滅する。

高濃度の放射能を発し続ける福島第一原発を含め、この国にある54基の原発を終わらせるためには、廃炉を担う会社を半世紀以上は存続させる必要がある。本来なら法的整理に踏み切り、廃炉専門会社として再スタートさせるのが筋だろう。しかし金融機関が泥を被ることを嫌がっている。このままでは誰も責任を取らず、不透明な状態の東芝に公的資金を注入して、だらだらと生かし続けることになるだろう。

「東芝」という名前が消えてもなお、原発はこの国を蝕《むしば》み続ける。東電、東芝、経産省。福島第一原発の事故は、原子力という制御できないテクノロジーを弄《もてあそ》んだ産学共同体の暴走が招いた悲劇と言える。

戦後の高度経済成長期に水俣病を引き起こした「チッソ」が公害の代名詞として記憶されたように、「東芝」の名は原子力ムラの墓標として歴史に残ることだろう。

2 NEC

「電電ファミリーの長兄」も墜落寸前

通信自由化時代30年を無策で過ごしたツケ

ＮＥＣは２０１７年1月30日、「２０１７年3月期の連結売上高が前年同期比５・１％減の２兆６８００億円に、営業利益は同67・２％減の３００億円になる見通しだ」と発表した。

ＩＴ大手で唯一の減益予想だが、もはやニュースにもならない。ＮＥＣの凋落は電機業界を知るものにとって、見慣れた風景になっているからだ。２０００年度に５兆４０００億円を超えていた売上高はこの17年間、ほぼ一本調子で減り続けている。

三洋電機、シャープ、東芝のように分かりやすい形で経営危機を迎えていないので目立ってはいないが、17年間で売上高半減というのは企業にとって「緩やかな死」を意味する。更に言えば、売上高が半分になっても破綻しないところに、日本の電機業界の異常さがある。それをこれから説明していこう。

「自己採点は60点」？

ＮＥＣは２０１５年12月25日、「２０１６年４月１日付で新野隆《にいのたかし》副社長が社長に就任する」と発表した。

それは奇妙な記者会見であり、東京・三田のＮＥＣ本社に集まった多くの記者が首を傾げた。新野に社長の座を譲り、自らは代表権のある会長に就任する遠藤信博が笑顔でこう語ったからだ。

「企業で最も大事なことは継続性。自身が作った基盤を引き継いでくれる人に適切なタイミングで渡すことを、トップ自ら示したかった」

隣の新野はニコニコと頷いて聞いている。「こんな体たらくを継続しちゃダメだろう」。それが記者たちの偽らざる感想だった。

質疑応答で記者に「6年間を自己採点すると何点ぐらいですか」と問われた遠藤はためらう様子もなく「60点ですかね」と答えた。NECの株式を長期保有している株主は、怒り心頭に発したはずだ。遠藤が社長を務めた6年間、NECの企業価値はひたすら落ち続けてきたのだから。

ITバブル崩壊前夜の2000年、NECの株式時価総額は3兆4000億円を超え、3兆3000億円の日立製作所をも抑えて上場企業中15位につけていた。

2016年8月末時点、日立の株式時価総額は2兆2000億円に目減りした。それでも業界全体が不振をかこつ電機業界の中ではまだマシな方だ。NECの時価総額は実に6800億円。16年前の5分の1という惨状に陥っている。この成績でトップに「60点」と自己採点されたのでは、株主はたまらない。

遠藤は2010年の就任時に「NECをつくり変える」と意気込んだ。だが売上高は減り続け、6年間、企業価値をほとんど上げられなかった。それでも日本的経営の曖昧さゆえ、責任を問われることなく「継続性が一番大事」と子飼いの新野を社長に引き上げた。一方、引き上げられた新野の方も「遠藤路線を引き継ぐ」と言ってはばからない。遠藤路線の継承とは、売上高と企業価値を減らし続けることを指すのだろうか。

売れる部門は売り尽くした

2010年4月に社長に就任した遠藤は2011年1月、かつて「国民機」と呼ばれた「PC-9800シリーズ（愛称キューハチ）」でNECに莫大な富をもたらしたパソコン事業を、中国のレノボとの合弁会社に譲りわたすことを決めた。大事な事業を売却しなければならないところまで業績が追い詰められていたのだ。それでも2012年3月期の最終損失は1100億円に達し、2013年3月までの中期経営計画は撤回された。

それだけではない。遠藤はスマートフォンの新規開発を中止したほか、インターネット接続事業者のビッグローブも売却。持分法適用会社だったルネサスエレクトロニクスは連結対象から外した。

玉ねぎの皮を剝くように事業売却を続けた結果、ピーク時の2000年度に5兆4097億円だったNECの連結売上高は、2016年3月期、ほぼ半減の2兆8212億円となった。

NECの2016年度第1四半期決算はアナリストもため息をつく惨憺たる結果であった。売上高、前年同期比11・7％減の5187億円。営業損益、最終損益はそれぞれ29億円と201億円の赤字。全セグメント減収で、主要4事業（パブリック〈官公庁向けのシステム構築〉、エンタープライズ〈企業向けシステム構築〉、テレコムキャリア、システムプラットフォーム）のうちエンタープライズ部門を除く3事業が営業赤字だった。頼みの国内キャリア（NTTドコモなどの電気通信事業者）にも見放され、もはや切り売りする事業もない。日本を代表するIT企業の経営危機は、もはや最終局面に突入している。

「この局面で前例踏襲の新野さんは厳しいのではないか」。電機業界担当の証券アナリストは首をひねる。

新野は2016年4月に副社長から社長に昇格したばかりだが、NEC社内からは早くも不協和音が聞こえてくる。前社長の遠藤の1歳年下で、保守的な金融システム事業を一筋に担当してきた新野は、遠藤政権で中期経営計画の策定などを担当する、いわば官房長官の役割を果たしてきた。遠藤から見れば自分に刃向かう心配のない存在だ。

ポスト遠藤がまだ不透明だった頃、社内には「森田（隆之）待望論」があった。50代半ばの森田は事業開発部門の経験があり、海外にも強い。

「内向きのＮＥＣを変えるには絶好の人材」と見られていたのだ。しかし遠藤は変化より継続を優先した。案の定、新野は第１四半期決算が危機的な状況であるにもかかわらず、抜本的な改革に乗り出す気配がない。

窮地に陥る電電ファミリー

本来、今のＮＥＣに「前任者の路線を踏襲する」などと悠長に構えている余裕はない。深刻なのは主力中の主力であるテレコムキャリア事業の落ち込みだ。２０１６年度第１四半期の売上高は15％減の１２１１億円、営業損益は69億円の赤字である。国内キャリアからの受注が減る中、海外での大型案件も獲得できずにいる。

テレコムキャリア事業はＮＥＣにとって祖業であり「本丸」だ。もともと日本電信電話公社（現ＮＴＴグループ）に通信機器を納入することで成長してきた会社である。

そこからＮＥＣはコンピューターや半導体にウイングを広げてグローバル企業になったのだが、２０００年以降はこれらの「新規分野」で惨敗が続き、この10年は「ＮＴＴの下請け」に回帰することで命脈を保っている。だが、頼みのＮＴＴもソフトバンクやＫＤＤＩとの競争が続く中で、むやみに設備投資を増やすわけにいかず、ＮＥＣの「ＮＴＴ依存戦略」は限界に突き当たっている。

序章でも述べたが、電電公社の設備投資はピーク時の1990年代なかばには年間4兆円に達し、これを山分けするだけで国内の通信機器メーカーは十分に食べていけた。特に「電電ファミリーの長兄」と呼ばれたNECは実質的な「電電公社の製造部門」として、伝送装置などで圧倒的なシェアを誇った（ちなみに電電ファミリーの次男は富士通、三男は日立とされる）。

国内通信を独占していた電電公社に競争相手はおらず、設備投資などでお金が必要になれば、電話料金を値上げすればよかった。日本の長距離通話は米国の10倍近い料金だったが、国民は黙って電電公社を使うしかなかった。電気料金と同様、競争相手（国民から見れば選択肢）がなかったからである。

通信では電力より31年早く、1985年に自由化が始まった。民営化してNTTとなった電電公社には、京セラ創業者の稲盛和夫が率いる第二電電など強力なライバルが激しい価格競争を仕掛けた。

主戦場が携帯電話に移ると孫正義率いるソフトバンクモバイルも登場し、料金競争は熾烈を極める。さらにイオンモバイルや楽天モバイルといった新興のMVNO（仮想移動体通信事業者）も加わり、NTTは、電電公社時代のような「お大尽」ではいられなくなった。

かつて4兆円あったNTTグループの設備投資が、2015年3月期、1兆8175億円まで減ったのは民営化の必然である。2018年3月期は約1兆6000億円にする方針を打ち出している。その分、電話料金が安くなったと考えればいい。

「日の丸半導体」の時代

NTTにすがるNECにとっては悪夢のような展開だが、状況はさらに悪化する可能性が高い。

ソフトバンクは設備投資を抑制するため、基地局の一部に中国・華為《ファーウェイ》技術の通信機器を採用している。NECなど「電電ファミリー」が作る通信機器はNTTの特注品なので、信頼性は高いが値段も高い。ソフトバンクやKDDIとの価格競争にさらされているドコモも、いずれは「割高なNECからノキアやエリクソンなど外資企業の通信機器に乗り換える可能性がある」（証券アナリスト）と言われている。

ドコモはすでに携帯電話端末でNECを裏切っている。アップルのiPhoneの販売権が取れず、ソフトバンクやau（KDDI）への顧客流出が止まらなかった2008年から2013年までの間、ドコモはNECなど「電電ファミリー」が作る国産スマホではなく、韓国・サムスン電子の「ギャラクシー」をトップモデルとして扱った。この裏切りがNECを「スマホ撤退」に追い込んだとされる。端末のみならず、通信機器でも頼みのドコモに見捨てられれば、ＮＥＣは収益の柱を失うことになる。

こうなることは通信自由化が始まった１９８５年の時点でわかっていた。だから歴代のＮＥＣ経営者は、さまざまな手を打ってきた。１９８０年に社長に就任し98年まで会長を務めた関本忠弘は、半導体、パソコン、ディスプレーなどの事業にウイングを広げ、ＮＥＣを「日本を代表するＩＴ企業」に押し上げた。

今となっては信じられない話だが、１９８５年から１９９１年までの7年間、ＮＥＣは半導体の売上高で世界一の座にあった。日立製作所、三菱電機、東芝なども増産に次ぐ増産で、１９８８年には日本製の半導体が世界販売の50％を占めた。こうした「日の丸半導体」の急激な膨張は、米国や欧州を震え上がらせた。ＮＥＣは世界市場を面で抑えるべく、世界各国に半導体メモリーの工場を建てた。

国家プロジェクトの興亡

１９６０年代、米国の見よう見まねで始まった日本の半導体産業だったが、その原理を理解した後に生産効率をあげるスピードは凄まじかった。その成果が80年代に花開く。本家米国を凌駕する生産技術を生み出し、歩留まりは飛躍的に向上した。その先頭に立ったのがＮＥＣである。

ＮＥＣ躍進の背景には米国が「ノートリアス（悪名高い）」と呼んだ通産省の存在があった。ＮＥＣの半導体開発拠点である玉川事業所には当時、「超」「Ｍ」「委」というステッカーを張った実験装置や製造装置が所狭しと並んでいた。「超」は超ＬＳＩプロジェクト、「Ｍ」、「委」は、通商産業省（現在の経済産業省）などからの委託研究を意味した。

税金で買ってもらった装置だから、ＮＥＣが勝手に自社の事業で使うわけにはいかない。自前の装置と区別するためにステッカーを張ったのだが、それはあくまで建前である。ＤＲＡＭの開発費は電電公社からも出た。ＮＥＣの「半導体世界一」は、国や電電公社に下駄を履かせてもらった上での成果だった。

「半導体の技術を極めたい」というエンジニアの探求心と、「米国に追いつき追い越す」ことを目指した官僚の野心が呼応して爆発的な力を生んだ。世界経済のグローバル化前夜。国対国の単位で技術競争ができた牧歌的な時代における官民連携のお手本と言える。こののち日本の独走を止めるために米国や韓国も半導体分野で官民連携を強めたので、日本だけが「ズルをしていた」わけでもない。

ただ、官の支援に頼る副作用として、日本の半導体メーカーのコストや収益性管理はおざなりになった。お上がくれる金だから「いくら使っても構わない」というモラルハザードを産んだ。

そして1985年、ついに米国の逆襲が始まる。米半導体工業会（SIA）が米通商代表部（USTR）に通商法301条違反の疑いで日本の半導体業界を提訴したのだ。

1年間の厳しい交渉を経て、1986年に「日米半導体協定」が結ばれ、日本側はダンピング輸出の防止と米国製半導体の輸入拡大を約束させられた。これが日本の半導体産業にとって大きな足かせになる。1991年の交渉では、米国は協定の5年延長と「92年末にシェア20％以上」の達成を求め、日本側もこれに合意した。明らかに不平等条約である。安全保障を米国に頼りきっている日本は米国が突きつける難題を呑み込むしかなかった。

半導体生産の歩留まりを上げることで価格を下げてきた日本メーカーは、その努力を「ダンピング」と決めつけられ、戦う目標を見失った。「殴ってはいけない」と言われたボクサーのようなものである。多くの日本人技術者は存分に腕を振るえる職場を求め韓国、台湾メーカーに移籍した。

1996年に日米半導体協定が切れると、韓国のサムスン電子やTSMC（台湾積体電路製造）が猛攻を開始し、再び熾烈な価格競争が始まったが、日米半導体協定で骨抜きにされた日本メーカーに、もはや反撃の余力はなかった。

「技術では負けていない」は言い訳

経営学者の野中郁次郎らが第二次世界大戦の敗戦要因を探った名著『失敗の本質』は、日本軍の敗因の一つに「コンティンジェンシー・プラン（失敗した時のために退路を確保しておく作戦）を持たなかった」点を挙げている。「神軍」に敗北などあってはならない――という考えのもと、敗北への備え自体を「弱腰」と忌み嫌った。原発の事故は「あってはならないもの」であり、万が一の事故に備えることは「技術が不完全であると認めることになってしまう」という原発推進派の考え方によく似ている。

日本の半導体メーカーも日本軍と同様、米国が巻き返してきたり、韓国、台湾勢の競争力が自分たちを上回ったりする事態を「あってはならないこと」と考えた。だから現実にはすでに技術で抜かれているにもかかわらず、「高性能半導体では世界一」「超高性能半導体では世界一」とちっぽけな看板にしがみつき、劣勢を認めようとしなかった。今もって日本の電機メーカーの経営者がよく口にする言葉に「ビジネスでは負けたが技術では負けていない」がある。しかし企業はビジネスで勝つために技術開発をしているのであり、技術で云々は負け惜しみに過ぎない。

「技術では負けていない」は半導体に限らず、日本の製造業全般でよく使われる言い訳だ。学者の論文ではないのだから、編み出した技術を組み合わせてマネタイズしなければ真のイノベーションとは呼べないのである。

ずるずると後退を続けたNECは、ついに半導体の開発・設備投資の重さに耐えかね、1999年にDRAM事業を分社化し、日立製作所のメモリー事業と統合した（のちのエルピーダメモリ）。2002年にはLSI事業も分社化し、日立、三菱電機と統合した（のちのルネサスエレクトロニクス）。

この決断をした社長の西垣に対し、先々代社長の関本忠弘が激怒した経緯は序章で触れた。しかしシステム事業出身の西垣にすれば「投資ばかりがかさむ博打のような半導体事業に会社を潰されてはかなわない」という思いがあった。

決断がことごとく裏目に

半導体と並び、関本が「脱NTT」の切り札として育てたのが、パソコンの「PC－9800シリーズ（PC－98）」。発売は1982年10月である。「キューハチ」の愛称で一世を風靡したNECの91年パソコン国内シェアは50％を超えた。後を追う富士通、東芝のシェアは10％台。まさに圧勝である。

だがPC－98の天下は10年で終わる。1992年、パソコンの本家米国から強力な刺客が送り込まれた。コンパックコンピュータ（現ヒューレット・パッカード）である。IBM製のパソコンと同じソフトが使えるＩＢＭ互換機で米市場を席巻したコンパックは、「ＮＥＣの半額」を売り物に日本市場に殴り込みをかけた。

マイクロソフトのＯＳとインテルのＣＰＵというデファクトスタンダード（事実上の業界標準）で攻め込んできた米国勢を、独自仕様のＰＣ－98で迎え撃つのは、最初から無理な相談だった。

世界市場に打って出るため関本時代のＮＥＣは１９９５年8月、米パソコン大手のパッカードベル（ＰＢ）に約20％出資する。家庭向けの廉価版を得意とするＰＢは当時、米パソコン市場において台数ベースでシェア１位のメーカーだった。だがＩＢＭやコンパックほど技術はなく、デルのような突出した販売力もないＰＢは、米国での生き残り競争に敗れ、みるみるシェアを落としていった。

ＮＥＣは１９９１年、仏コンピューター大手のブルにも４・７％の出資を行っている。１９９３年には70億円を追加出資し、「フランスの星」と呼ばれたこの国営コンピューターメーカーを支えた。１９９５年、ブルが民営化する際には、さらに１１０億円を追加出資する一方で、仏国営家電メーカーのトムソン・マルチメディアにも出資を行っている。

しかし長らく「電電公社の下請け」を続けてきたＮＥＣに米欧企業の経営は荷が重すぎた。ＰＢもブルもトムソンも、結局、ＮＥＣの業績に貢献することはなく、同社はほうほうの体で逃げ出すことになる。

拡大路線をひた走ってきた関本の影響がなくなった後、２０１１年にＮＥＣはパソコン事業を中国のレノボとの合弁会社に移譲した。そして２０１６年、合弁会社の持ち株のほとんどを約２００億円でレノボに売却、パソコン事業からも手を引くことになる。

国内トップシェアになった携帯電話も２００９年に分社化し、カシオ計算機、日立製作所と統合した「ＮＥＣカシオ モバイルコミュニケーションズ」として設立。だが、結局同社は13年にスマートフォンから撤退し、ＮＥＣがカシオ・日立両社から全株式を取得して完全子会社化。そのＮＥＣモバイルコミュニケーションズも16年３月には解散した。

ＮＥＣの不安な行く末

東芝同様、なりふり構わず「副業」を切り捨て、あとに残ったのが官公庁や企業向けのシステム構築（ＳＩ）事業とテレコムキャリア事業の二本柱だ。

しかしシステム構築事業だけを見ればＮＥＣは「準大手」のポジションに過ぎない。２０１６年度第１四半期のＳＩ事業の売上高は１８４０億円。ライバル富士通のＳＩ事業の３分の１以下にとどまる。２０１６年３月期の海外売上高は６０３２億円で、売上高に占める割合は21％。世界に通用する製品やサービスがなくなってしまったのだ。

半導体やパソコンでの「敗戦」には、日米半導体協定など、一企業では抗《あらが》えない部分もあったのは確かだ。しかしあらゆる外的要因を受け入れて、なお企業を成長に導くのが経営者の仕事である。海外に目を向ければ、変化の激しいIT分野でも、したたかに生き抜いた例は数多くある。

序章でも触れた、フィンランドの通信機器大手ノキア。同社は2014年、かつて世界一だった携帯端末事業を米マイクロソフトに売却した。従来型携帯電話からスマートフォンへのシフトに乗り遅れ、一時は破綻も懸念される状態で、完全な「負け組」と見なされた。

だが2016年、ノキアは通信インフラ大手の仏米合弁のアルカテル・ルーセントを約2兆円で買収し、同市場で世界ナンバーワンに浮上した。世界の通信インフラ市場はノキア、エリクソン（スウェーデン）、華為技術（中国）の3強が市場を分け合う構図になり、NECをはじめとする日本の通信機器メーカーが入り込む余地はほとんどなくなった。

「3強は日本市場も狙っている。NTT仕様しか作ってこなかったNECは海外キャリアに弱い。海外でのサポート体制も貧弱なので、グローバル展開している日本企業も今後は3強の製品を使うようになるだろう」（ノキア幹部）。

かつて電線からテレビまでを作るコングロマリットだったノキアは1990年代の初頭、最大の輸出先であるソビエト連邦の崩壊で、倒産の危機を迎えた。この時、ノキアは持てる経営資源のすべてを携帯電話に集めて生き残った。ノキアは経営の力で2度蘇ったと言える。

オランダの電機大手フィリップスも、1990年代に経営危機を迎え、2000年代初頭には半導体やテレビから撤退した。かつてソニーと組んでコンパクトディスク(CD)の規格を作った名門の凋落を見て、日本の電機大手の経営者たちは「ああはなりたくないものだ」とささやき合った。

だがフィリップスは死んではいなかった。デジタル機器の事業を売却して得た資金で医療機器メーカーを次々に買収し、今や「医療のフィリップス」に生まれ変わり、電機メーカーだった頃よりもはるかに高い利益率を叩き出している。コンシューマー製品では、一度本体が買われれば後から替えブラシが売れ続ける電動歯ブラシなど、地味でも収益性の高い製品でしっかり稼いでいる。

通信自由化が始まってからこれまで、NECには30年という時間の猶予があった。だが、その間、関本以降の経営者は誰一人として、通信機器に代わる新規事業を育てることができなかった。電電ファミリーとして甘やかされてきたひ弱な体質がもろに出てしまった格好だ。

二人の墓標

現社長の新野は就任直後「向こう3年間でM&A（合併・買収）に2000億円を投じる」と表明している。しかし日々、1兆円を超える買収が飛び交うIT市場で「3年間に2000億円」はいかにも寂しい。「ブラジルの情報セキュリティー大手を買収した」とされるが買収金額は20億円。ノキアやフィリップスが実践した大転換に比べれば、ままごとの域を出ない。

ここまでリスクを取らない経営を続けていたら、普通の企業は破綻する。だがNECはNTTの庇護にあるから簡単には潰れない。そしてNECが潰れない理由はもう一つある。NECは1981年、米電機大手のヒューズ社から引き継ぐ形で自衛隊の自動防空警戒管制組織（BADGE）を受注した。その後継である自動防空警戒管制システム（JADGE）も引き続き受注している。国防の「目と耳」を担う企業を倒産させたり、外資に売り渡したりはできないだろう。

同じく防衛装備を手がける日立、東芝に救済させる手もあるが、粉飾決算の東芝はその任になく、大リストラで集中治療室を出たばかりの日立もNECに手を出す余裕はないだろう。あえて大胆に予測すれば、NECを救済する可能性があるのはNTTデータだ。

1990年に完成した東京都港区のNEC本社ビルは地上43階、地下4階、延べ床面積

14万5000平方メートル、総工費600億円。建物とは別に、構内電子メールや電子伝票システム、社内ケーブルテレビといったインテリジェント化に百数十億円をつぎ込んだ。現代的な尖塔はロケットを思わせ、「スーパータワー」と命名された。

半導体やパソコンが全盛の時代は、内外から来客が絶えず、42階の役員フロアは関本らによる華やかなトップ外交の舞台となった。しかし、今やこのビルを訪れる海外の要人は稀だ。

関本は週刊誌などのインタビューで西垣の経営を公然と批判。たまりかねた西垣は2002年、相談役の地位にあった関本を解任した。その後も関本はNECの経営陣を非難し続け、2007年に脳梗塞で逝去する。「憤死」と表現する関係者もいる。一方の西垣も2011年に自宅で首を吊って自殺した。

かつてロケットに見えた高層ビルは、まるで二人の墓標のようである。

3 シャープ

台湾・ホンハイ傘下で再浮上

知られざる経済産業省との「暗闘」

シャープは2017年2月、「2017年3月期の連結経常損益が3期ぶりの黒字になる」との業績予想を発表した。

シャープに3888億円を出資して同社を傘下に収めた台湾・鴻海《ホンハイ》精密工業は、2016年8月に郭台銘《かくたいめい》（英語名テリー・ゴウ）会長の懐刀であるナンバーツーの戴正呉をシャープの社長として送り込み、経営改革に着手した。

戴は業績不振が続く中で「不平等」になっていた取引先との契約を、売上高15兆円に及ぶホンハイのバーゲニングパワーを使って「正常化」し、調達原価を引き下げた。電子部品の三原工場（広島県三原市）は17年度中に閉鎖し、福山工場（同県福山市）に集約する。

2015年末から2016年にかけて繰り広げられた「シャープ争奪戦」では、一時、日本の官製ファンドである産業革新機構による出資が確実と見られたが、土壇場でシャープの主力行であるみずほ銀行などが翻意して、ホンハイによる出資が決まった。

シャープの将来を考えれば、世界中にネットワークを持つ売上高15兆円の巨大企業、ホンハイの資金や安く作る力を利用するのは正しい選択だろう。産業革新機構はシャープの液晶事業を分社化し、同機構が出資しているジャパンディスプレイ（JDI＝日立製作所、東芝、ソニーの中小型液晶事業統合会社）と統合することを目論んでいたが、寄せ集め集団のJDIにシャープが加われば、船頭多くして船山に上る恐れがあった。

シャープにとってホンハイ傘下に入ったのは幸運だと思うが、「日本の電機産業」という視点に立てば「敗戦」を象徴する事例でもある。電機大手が丸ごと外資に買われたのは初めての出来事だ。はたしてシャープはどこで道を間違えたのだろうか。

「21世紀のテレビ」

２０００年代初頭、ＩＴバブルの崩壊によって電機大手がもがき苦しむ中、液晶技術で世界のテレビ市場を席巻したシャープは「勝ち組企業」の代表とされた。ライバルのパナソニックと競い合って国内に相次いで液晶パネルの巨大工場を建設する様は、「日本のものづくりの復活」を思わせた。

１９９０年代、半導体で韓国、台湾、米国に敗れた日本の電機産業は、液晶パネルでリベンジを誓った。「半導体の轍を踏まない」が合言葉になり、思い切った巨額投資で後続メーカーの追随を許さず、技術流出にも細心の注意を払った。

にもかかわらず、シャープをはじめとする日本のパネル産業の天下は10年と続かなかった。半導体で最も大きな傷を負ったのは、かつて「半導体世界一」を経験したＮＥＣ。液晶パネルの敗北で存亡の危機を迎えたのが「液晶世界一」を経験したシャープである。なぜ液晶テレビで世界を席巻したシャープの天下は10年足らずで終わってしまったのか。時間を遡《さかのぼ》りながら検証してみよう。

「向かいの山から、スーツ姿の男たちがじっとこちらを見ていた。我々はトラックが荷下しする場所をブルーシートで覆い、搬入する製造装置の種類がバレないように必死でした」

シャープ亀山第1工場（三重県亀山市）の建設が始まったのは2002年。当時の様子をシャープ関係者はこう振り返る。シャープは約1000億円を投じてパネルからテレビまでを一貫生産する世界初の垂直統合型工場を造った。最先端の技術をブラックボックスにとじ込めることで韓国、台湾勢への情報流出を許さない作戦だった。

スーツ姿の男たちは韓国のライバルメーカーの社員とされるが、真偽は定かでない。ただシャープが技術流出に神経をとがらせていたのは事実だ。

「建物に入るときにゼッケンを渡され、『アナタはここまで』と厳しく立ち入りを制限されました」。下請けの装置メーカーの関係者はこう証言する。

2001年に発売した液晶テレビ「アクオス」（三重工場で生産）は、爆発的に売れた。それまでポータブルサイズが精一杯だった液晶パネルの画面を20インチ以上に広げ、ブラウン管テレビの代替を狙った。

1998年にシャープ社長に就任した町田勝彦は「国内で販売するテレビを2005年までに液晶に置き換える」とぶち上げ、世間を驚かせた。当時は大画面ブラウン管テレビの全盛期。松下電器産業の「画王」、ソニーの「WEGA《ベガ》」などが売れていた。液晶はまだ画素が粗く、表示スピードも遅かった。ライバルメーカーは「液晶がブラウン管と競合するのはまだまだ先」（ソニー担当者）と高を括っていた。

技術面だけを見れば、ソニーの判断は正しかった。画像の緻密さや動画の滑らかさにおいて液晶はブラウン管に遠く及ばなかったが、それでも消費者はスタイリッシュな液晶テレビを選んだ。

ブラウン管を大画面にするためには、映像を投影する電子銃を後ろに下げなくてはならない。画面が大きくなればなるほど、テレビ本体の奥行きが長くなり容積が増える。40インチのブラウン管テレビは狭い日本の茶の間を占拠した。

だが電子銃を使わない液晶なら、いくら大画面にしても奥行きは増えない。先進的なデザインを施した「アクオス」を、消費者は「21世紀のテレビ」と認識した。かさばるブラウン管テレビは20世紀の遺物となり、画質に関係なく「液晶シフト」が一気に進んだ。

「世界の亀山」モデル

初代アクオスで手応えをつかんだシャープは、攻めまくる。２００４年には亀山第１工場が竣工する。三重県はこの工場を誘致するために90億円、亀山市は45億円の補助金を拠出した。2005年には時の内閣総理大臣、小泉純一郎も視察に訪れている。

勢いに乗ったシャープは同年、亀山第2工場の建設を発表する。投資総額は1500億円。第2工場は2006年に稼働した。その後も第1工場と第2工場で断続的に増産を続け、2008年までに亀山全体で総額5000億円の設備投資を敢行した。

亀山工場の周辺には部材を供給する下請け会社が集まり、「液晶コンビナート」として発展した。シャープはここで生産したテレビを「亀山ブランド」と称し、TVコマーシャルでは「世界の亀山」をアピールし続けた。

2007年には町田が会長になり、アクオスの開発を主導した片山幹雄が49歳の若さで社長になる。片山は就任早々、亀山第1、第2に続く第3の液晶工場を大阪府堺市に建設することを決めた。投資金額は3800億円。「グリーンフロント堺」と名付けられたコンビナートにはガラスメーカーなどの部品メーカーも工場を建て、こうした協力会社を含めるとグリーンフロント堺の総投資額は1兆円に達した。日本の電機産業史上、空前の巨額投資である。

シャープがここまで巨大な工場を作ったのには訳がある。半導体メモリーのDRAMでは、NEC、日立、東芝など複数の日本メーカーが個々に小刻みな投資を続けたため、官民一体で巨額投資を実行した韓国、台湾に「規模の競争」で敗れた。第二次世界大戦で日本軍が犯した「戦力の逐次投入」の過ちをビジネスでも繰り返してしまったわけだ。

半導体の轍を踏まぬよう、シャープは「やるなら一気に」と亀山第1の着工から堺工場稼働までの7年間に、液晶の設備投資だけで8800億円を注ぎ込んだ。

「グズグズしていたら、また韓国、台湾、中国メーカーに追いつかれる」

シャープとパナソニックは強迫観念に突き動かされるように、国内で巨額投資を繰り返した。こうしたシャープやパナソニックの動きは、「製造業の国内回帰」「日本のものづくりの復活」としてメディアや世論から好意的に迎えられたのだった。パナソニックで巨額投資を決断した社長の中村邦夫は「カリスマ」と持ち上げられ、一時は経団連会長の有力候補にもなった。

パナソニックは薄型テレビの本命として、プラズマテレビに賭けた。反射の原理を使う液晶は明るい部屋では画面が白っぽくなり、暗めのシーンが見えにくくなる。これに対して自発光のプラズマは明るい場所でもくっきり映像を映し出すことができた。大画面のパネルを作るのが液晶より簡単だったこともあり、パナソニックは「40インチから上の大型テレビはプラズマになる」と読んだ。

茨木工場(大阪府)で2001年からプラズマパネルの量産を開始し、04年には第2工場が稼働、05年には兵庫県尼崎市で第3工場が動き出し、さらには2007年に第4工場、

2009年には月産1000万台の第5工場が稼働した。尼崎での総投資額は4250億円に及んだ。

戦時の巨大戦艦と同じ過ち

だがリーマン・ショックで両社の目算は大きく狂う。シャープの堺工場とパナソニックの尼崎第5工場が稼働した2009年、薄型テレビの主戦場だった日米欧の先進国市場でテレビの売れ行きがピタリと止まった。

先にあごが上がったのはプラズマに軸足を置いていたパナソニックだ。液晶の技術革新によってプラズマの優位性が薄れ、財布の紐が固くなった消費者は割安な液晶テレビを選ぶようになった。

最新鋭の尼崎第5工場は稼働から2年足らずの2011年に生産停止。2012年には第1、第2、第3工場が生産をストップ。残る第4工場も、需要の見込めないテレビから電子黒板向けなどに用途転換を図ったが、あえなく13年末に生産を打ち切った。

東芝、日立製作所との共同出資だった液晶パネルを作る姫路工場は、パナソニックが経営権を取得したが、操業率は一向に上がらず、2013年3月末には4550億円の債務超過に陥った。たまりかねたパナソニックは液晶事業を売却しようとしたが、結局買い手が見つからず、6期連続の赤字を続けた後、2016年9月末をもって液晶パネルの生産を中止した。

プラズマと液晶に注いだ1兆円近い投資が水の泡になった。並の会社なら倒産していてもおかしくなかったが、白物家電、住宅設備、自動車向けの電池と電子部品など、テレビ以外の事業でなんとか持ちこたえた。

一方「液晶の一本足打法」と言われたシャープは、液晶から撤退したら会社の存在意義がなくなってしまう。引くに引けない状況に追い込まれ、もがき苦しむことになった。

需要に合わせて生産を減らせばパネル工場の減損処理が必要になる。だが巨額の設備投資を繰り返したシャープのバランスシートは、借り入れが限界まで膨らんでおり、減損すれば簡単に債務超過に陥ってしまう。片山時代のシャープは減損を避けるために売れる見込みもないのに工場を動かし続け、必然的に在庫の山を築いた。

液晶技術で他社に先行していたこともあり、町田、片山時代のシャープには「大きな液晶パネル工場を建てれば勝てる」という過信があった。

国内のパネル工場はどんどん増強されていったが、それに見合う販路の拡大は疎《おろそ》かにされた。特に新興国でのマーケティングは韓国のサムスン電子やLGエレクトロニクスに大きく遅れ、リーマン・ショックで先進国市場が凍りついてから慌てて開拓に乗り出したが、時すでに遅しの感があった。

２０１１年には、アップルに１０００億円近い資金を出してもらい、亀山第１工場をテレビ用からスマートフォン用の液晶生産ラインに作り変えた。事実上のアップル専用工場である。経営危機が表面化した２０１２年には堺工場を分社化して堺ディスプレイプロダクト（ＳＤＰ）とし、ホンハイ会長の郭台銘個人から６６０億円の出資を仰いだ。巨額の赤字を垂れ流していた堺工場を連結対象から外すことで急場をしのいだ形だが、堺工場を手に入れたホンハイは、米新興テレビメーカーのビジオなどに販路を広げ、わずか数年でＳＤＰを黒字化してしまった。作る力と売る力のバランスがいかに大切かがわかるだろう。

シャープの堺工場とパナソニックの尼崎工場は、第二次世界大戦時に日本軍が建造した戦艦、大和と武蔵によく似ている。

日本の軍事技術の粋を集めた大和、武蔵は史上最大の戦艦であり、強力な主砲を備えていた。しかし真珠湾攻撃で日本の戦闘機に戦艦を沈められた米国は大艦巨砲のもろさを学び、その後は装備の主眼を航空戦に置いた。そして航空機を戦場に運ぶための空母を大量に建造した。

大洋で艦隊と艦隊が向き合う海戦が展開されることはなく、大和と武蔵は自慢の主砲を満足に使う間も無く、海の藻屑と散った。

資源が乏しい日本は短期決戦を望み、大艦巨砲で一気に決着をつけようとした。しかしそれは日本の願望でしかなく、実際の戦局は長引いた。見たいものだけを見る。戦況が自分たちの思うとおりに進むと思い込み、想定外の状況に対処しようと言えば「腰抜け」と非難された。軍備は一点豪華主義で戦略性を欠き、高性能レーダーや航空機を駆使する連合軍の新しい戦争に太刀打ちできなかったのである。

シャープとパナソニックが社運をかけて世界最大のパネル工場を建設した2000年代初頭、デジタルの主戦場はすでにテレビからインターネットに移っていた。居間でテレビを囲んでいた人々は、スマホで動画を見たりツイッターやフェイスブックやLINEを使ったりするようになっていた。堺工場と尼崎工場はついに一度もフル稼働することなく、敗戦を迎えた。高精細のパネルを安く大量に作る戦術は、開戦前からすでに時代遅れだった。

テレビに代わる「家電の王様」になったスマホは、ハードウエアの性能だけで普及したわけではない。スマホ市場をリードしたアップルは、iPhoneを発売する前に、音楽配信サービスのiTunes Storeを立ち上げていた。好きな音楽をスマホにダウンロードして聞くサービスは、若者のライフスタイルを変えた。iPhoneを発売する時にはApp Storeを立ち上げ、ゲームなど様々なアプリがダウンロードできるようになっていた。

アップルに対抗したのは米ネット大手のグーグルだった。スマホ用OSのAndroidを開発し、韓国のサムスン電子や中国メーカーが安いスマホを作って世界中で売り出した。世界のスマホ市場は「iPhone対Android端末」の様相を呈し、NTTドコモの「iモード」に固執していた日本の電機メーカーはあっと言う間に時代から取り残された。

スマホ革命の最中、シャープやパナソニックは国内で高精細と大画面化を競う不毛な競争を続けていた。その象徴が堺工場と尼崎工場である。相手がレーダーを駆使した航空戦を仕掛けてきたのに、それを大艦巨砲で迎え撃とうとしたのだ。

日本の電機産業の失敗の本質はそこにある。

活かされなかった「電卓戦争」の教訓

シャープやパナソニックは、テレビが「家電の王様」でなくなる日を想像できなかったが、もしも経営陣がネット先進国の米国でスーパーマーケットに立ち寄っていれば、テレビの地位低下を肌で感じることができたかもしれない。

2010年当時、米国の大型スーパーではパンや牛乳を売っているのと同じフロアに60インチの大型液晶テレビが並んでいた。中国製なら価格は10万円前後。日本ではまだ同じサイズの国産テレビが30万円前後で売られていたが、米国では「たかがテレビ」にそんな大金をはたく消費者はいなくなっていた。つまり「家電の王様」はコモディティー（日用品）に格下げされたのである。

2001年に発売された初代「アクオス」の画面は20インチだったが、2005年には65インチが登場する。画面の大型化競争が一巡すると、差異化のポイントは価格になり、年率30％の価格下落が始まった。

デジタル製品が一度このフェーズに入ったら、もはや何をやっても価格の降下は止められない。そもそも電機大手の中で誰よりそれを知っているのはシャープのはずだった。1960年代半ばから70年代末にかけて、シャープはカシオ計算機、キヤノンとの激しい「電卓戦争」を戦った経験を持っているからだ。

1964年、シャープの前身である早川電機工業が発売したトランジスタ電卓「コンペットCS－10A」の価格は53万5000円。日産の乗用車「ブルーバード」とほぼ同じ値段だった。個人が買える代物ではない。しかし、そこから15年間、シャープとカシオ計算機の開発競争は熾烈を極め、価格は急降下していく。

1969年に発売した「QT－8D」は、25キログラムだったコンペットに対し、わずか1・4キログラムと大幅な小型・軽量化に成功し、価格も9万9800円と5分の1以下に。73年に出した「EL－805」は初めて液晶表示が付き、しかも200グラムという軽さだったにもかかわらず2万6800円。その5年後には名刺サイズの「カード電卓」が主流となり価格は6000円前後まで下がった。

1964年からの15年間、シャープとカシオは革新に次ぐ革新を続け、回路の微細化などで後の半導体産業の礎をなした。このころ両社の技術水準は間違いなく世界の先端を走っていた。両社が談合せず、とことん競争したことにより、電卓の価格は100分の1に急降下していったのである。

電卓戦争の例に倣えば、液晶テレビの価格も数年後に1万円を切ることになる。かつて自動車と同じ値段だった電卓が、今は百円ショップで売られている。今や電卓機能はパソコンやスマホに取り込まれており、電卓そのものを買う必要もなくなった。テレビもきっと同じ道を辿ることになるだろう。

電機メーカーに必要だったもの

テレビの凋落は家電量販店の業績にも深刻な影を落とした。長年の収益源だったテレビが値崩れし、リーマン・ショック後の国内テレビ需要を無理やり喚起していたエコポイント制度の終了とともにテレビの販売台数もがっくり落ちこんだ。以後今日に至るまで、家電量販各社はスマホ、住宅リフォーム、太陽光発電システムなどの販売に力を入れているが、テレビという「王様」の穴を埋めるまでには至っていない。

東京・有楽町のビックカメラの1階フロアはスマホで埋め尽くされ、かつて一等地を占拠していたテレビは2階でオーディオやお酒と一緒に売られている。日本でも米国と同じようにスーパーでテレビが売られる日も近いだろう。「家電量販」という業態そのものが成り立たなくなる可能性もある。

電卓以来、日本の電機メーカーに何度も煮え湯を飲まされてきた海外の電機メーカーは、「脱テレビ」に素早く対処した。

第2章でも触れたが、かつて世界のAV機器市場で日本メーカーのライバルだったオランダのフィリップスは2005年になるとテレビだけでなくAVや半導体事業の絞り込みを始めた。そして2011年にはテレビ事業を台湾の冠捷科技（TPVテクノロジー）企業に売却した。「もうテレビでは稼げない」と見切ったのだ。

2013年5月、フィリップスは正式の社名をロイヤル・フィリップス・エレクトロニクスからロイヤル・フィリップスに変えた。社名から「エレクトロニクス」を外すことで、もはや電機メーカーではないと主張しているのだ。

フィリップスの現在の主力事業は医療機器と健康機器とLED照明。特に医療検査装置では米GEや独シーメンスと並ぶ世界屈指のメーカーとして君臨しており、エレクトロニクスの全盛期を上回る利益を叩き出している。

一方、シャープやパナソニックといった日本の電機大手はテレビの価格競争が採算割れの段階に入りかけた2009年以降も巨額投資を続け、すっかり引き際を見誤った。

日本では「退路を断つ」という言葉が肯定的に使われる。「逃げることなど考えず、勝利を信じて突き進め」という玉砕戦法が「潔い」と評価される。だが株主や従業員、取引先の身になって考えれば、退路を断ってもらっては困る。泥水をすすってでも生き延びてもらわないと、多くのステークホルダーが不利益を被る。フィリップスがテレビをやめ、ノキアが携帯電話の端末事業を売却したように、伝統やプライドをかなぐり捨ててでも、環境の変化についていってもらわなくてはならないのだ。

無駄なプライドの虜になって巨額赤字に沈む大手電機メーカーを尻目に、電子部品メーカーがしぶとく利益を上げているのは、常に勝ち馬に乗るしたたかさを持ち合わせているからだ。乾坤一擲《けんこんいってき》の勝負で世界最大の工場を建てれば、美しく散っても経営者は満足かもしれない。だが、後々、塗炭の苦しみを味わうのは社員や株主や取引先である。

シャープの隙に乗じたサムスン

シャープは誰に負けたのか。端的に考えれば韓国のサムスン電子である。

「これでウチはシャープに勝てるかもしれない」

シャープが亀山第1工場の建設を発表した2002年、横浜国立大学教授の曺斗燮《チョトウソップ》は、一緒にゴルフをしていたサムスンの幹部がそう言ったのを鮮明に覚えている。

当時のサムスンが恐れていたのは、シャープが液晶テレビの海外生産に乗り出すことだった。シャープとサムスンの液晶パネルの画質の違いは一目瞭然。それを中国で安く作り、新興国の店頭に並べられたら、サムスンに勝ち目はない。液晶技術で追いつくには数年の猶予が必要だった。

「今、外に打って出られたら負ける」。サムスンは戦々恐々だったが、シャープは亀山と堺に大工場を建て、国内に引きこもる道を選んだ。

「やはり日本のものづくりは強いのだ」。ナショナリズムに酔った新聞が、液晶やプラズマパネルの巨額投資を連日一面で大々的に報じていたころ、数年後に日本の液晶産業を壊滅に追い込むことになるサムスンは、着々と逆転のシナリオを描いていた。

サムスンは1997年のアジア通貨危機で事実上の倒産状態に追い込まれ、98年に開いた「生存対策会議」では120あった事業部を34に整理した。勝てない事業はすべて捨て、可能性のある一つの事業に経営資源を注ぎ込む。それが液晶テレビだった。

「我々が生き残るためには、日本メーカーから液晶テレビ市場を奪うしかない」

サムスンが仮想敵としたのは日本ナンバーワンの液晶テレビメーカー、シャープである。技術力にはまだ雲泥の差があったが「価格競争力とグローバルな販売力なら互角だ」。そう信じて、サムスンの営業マン達は新興国に散った。新興国ではまだブラウン管テレビが幅を利かせていたが、シャープより1日でも早く乗り込み、迎撃態勢を整えようと考えたのだ。だがベトナムにもロシアにも中国にも、シャープの営業部隊は現れなかった。

「これが最先端の液晶テレビですよ」

サムスンは日本勢不在の新興国のテレビ市場を着々と攻略していった。「地域専門家制度」で世界の60ヵ国700都市に社員を送り込み、1年間かけて各地の文化やトレンド、ニーズの理解と人脈の構築をさせた。各国で「サムスン・ブランド」を垂直立ち上げ（事業開始時から生産・販売・宣伝を一気呵成《かせい》に行う手法）するため、年間1兆円規模の広告・販促投資を敢行した。

シャープを始めとする日本勢の反応は鈍かった。先進国で高額の液晶テレビが飛ぶように売れていたからだ。サムスンやLGが新興国に資本を投下していることには気づいていたが「やらせておけ」と鷹揚に構えていた。これも大艦巨砲主義の弊害だ。技術力を過信したシャープやパナソニックは、高精細のテレビを開発し、大きな工場を作ることばかりに夢中になり、売るためには各国の事情に合わせたきめ細かいマーケティングが必要であることを忘れていた。日本の家電メーカーはかつて、そうしたマーケティング努力で米欧の家電メーカーを押しのけてきたのだが、そうした記憶は組織の中に残っていなかった。

そして２００８年秋、リーマン・ショックが世界経済を襲う。先進国での液晶テレビの売れ行きはピタリと止まる。増産に次ぐ増産で膨れ上がった国内の液晶パネル生産能力はすぐに余剰になり、シャープなど日本勢は慌てて新興国に販路を求めたが、すでにそこはサムスン、ＬＧが押さえ込んでいた。

国策企業にとどめを刺される

リーマン・ショックで追い込まれたシャープにとどめを刺したのは、実はサムスンやＬＧではなく、日本の「国策企業」、ジャパンディスプレイ（ＪＤＩ）だった。

ＪＤＩは２０１２年に日立製作所、ソニー、東芝の中小型液晶事業を寄せ集め、そこに官民ファンドの産業革新機構が２０００億円を出資して事業を開始した会社である。液晶パネルのトップメーカーだったシャープは、「同士討ち」の形でその命運を絶たれたことになる。

２０１２年にＪＤＩが事業を開始した時、経済産業省はシャープにも合流を呼びかけている。しかしトップメーカーのプライドを持つシャープは「弱者連合には与《くみ》しない」と誘いをはねのけた。寄り合い所帯のＪＤＩは確かに意思決定が遅く、技術的にもシャープに遠く及ばなかった。

だが、その後の数年でシャープはアドバンテージを失っていく。2012年に経営危機が表面化し、片山幹雄、奥田隆司、高橋興三と社長がコロコロ代わり、資金繰りは苦しくなる一方。資金不足がたたって、液晶の技術開発も停滞した。その間、産業革新機構から潤沢な資金を提供されたJDIはシャープとの技術的な差を一気に詰め、2014年後半になると一部の技術ではシャープを追い抜いた。具体的には、タッチパネルの機能を液晶パネルの中に作り込む「インセル」をシャープより早く量産ベースに乗せた。インセルによって組み立て工程が大幅に簡略化できるので、スマホの製造コストを大幅に下げることが可能になる。

JDIはインセルを提《ひっさ》げ、世界最大のスマホ市場である中国に乗り込んだ。中国ではシャープも懸命に液晶パネルを売り込んでいた。シャープの中小型液晶は米アップルのiPhoneに依存していたが、そのiPhoneが失速したため、新規の顧客開拓に躍起になっていたところだった。

勝負の分かれ目は、当時、中国ナンバーワンの新興スマホメーカーだった小米《シャオミ》科技への売り込み競争だった。「中国のジョブズ」とも呼ばれる若きCEO雷軍《らいぐん》が率いるシャオミは、斬新なマーケティング戦略で中国の若者の心をつかみ、あっという間にアップル、サムスンに次ぐ世界3位のスマホメーカーにのし上がっていた。シャオミ向けのパネルが受注できれば、パネル工場の稼働率は一気に跳ね上がる。

先行したのはシャープだった。無名時代のシャオミを捕まえ、大口顧客に育てた。iPhoneの失速は続いていたが、シャープの首脳陣は「ポスト・アップルが見つかった」と安堵した。そのシャオミにＪＤＩが攻勢をかけた。

２０１４年の東証一部上場でまとまった資金を手にしたＪＤＩは、インセルの研究開発や生産設備に大型の投資を行い、シャープより早くインセルの量産にこぎ着けた。しかも、ＪＤＩは虎の子のインセルに従来型の液晶パネルとほとんど変わらない値段をつけた。シャオミはあっさりシャープからＪＤＩに乗り換えた。

この大胆な値付けは業界で「大塚価格」と呼ばれている。エルピーダメモリ最高執行責任者（ＣＯＯ）からＪＤＩ社長に転じた大塚周一の名前にちなんでのことだ。大塚価格がＪＤＩにとって「肉を切らせて骨を断つ」、すなわち捨て身の戦法であったことはＪＤＩの決算から窺い知ることができる。シャープからシャオミという大魚を奪ったにもかかわらず、２０１５年3月期は１２２億円の最終赤字だったからだ。

このＪＤＩの捨て身の戦法からは、一つの推論が浮かび上がる。大塚価格の目的はＪＤＩの業績を伸ばすことではなく、シャープを追い込むことだったのではないだろうか。

経産省の深謀遠慮

話は２０１２年まで遡る。

この年は中国で大型の液晶パネル工場が複数立ち上がったため、世界的に液晶パネルがダブついた。パネルの在庫を抱えて困窮したのはシャープだけではない。当時はまだパネル事業を自社に抱えていた日立製作所やソニー、東芝も生産能力を持て余していた。

ただ、余剰とはいえ、各社の生産ラインには最先端のパネル技術が詰まっている。これを狙って動き出したのが、後にシャープ買収で名を馳せる台湾の鴻海《ホンハイ》精密工業だった。アップルのiPhoneなどを受託生産する世界最大のＥＭＳ（電子機器の受託生産サービス）であるホンハイは、まず、日立にパネル事業での提携を持ち掛けた。お荷物になっていた液晶事業を切り離したい日立はホンハイ会長、郭台銘（テリー・ゴウ）の誘いに乗り、提携交渉は順調に進み始めた。

だが、この動きを快く思わない人々がいた。経済産業省である。日立＝ホンハイの提携を「液晶技術の海外流出」と捉えた経産省は、提携阻止に動き出す。その切り札が、日本の電機大手の中小型液晶事業を一つに統合する「日の丸液晶会社」構想だった。経産省がこの業界再編を促す呼び水に使ったのが官製ファンド、産業革新機構の資金である。

産業革新機構は本来、ベンチャー企業の支援を目的に作られたファンドで、わずかながら民間の資本も入っているが、実質的には「経産省の別ポケット」である。政府保証を含めた投資能力は約2兆円。ここから2000億円を拠出することで、ホンハイと組もうとしていた日立を引き戻し、東芝、ソニーと組ませた。こうして生まれたのが前述のJDIである。

前にも書いたが、この時、経産省はシャープにもJDIへの参加を呼び掛けている。同じ業種に二つ以上の会社がある場合、特定の1社に国が肩入れするのは不公平だ。産業政策とは一つの業種、業界を対象に実施されるものであり、業界内での競争関係を歪めることがあってはならない。液晶技術の海外流出を防ぐためとはいえ、JDIへの出資は明らかに液晶分野での競争を歪めている。だから経産省はシャープをJDIに加えて「オールジャパン」を作りたかったのである。

しかし、この時シャープは、国が差し出した支援の手を振り払った。

「ビジネスは、腹を空かせた者が目の色変えてやるから成功する。国に守ってもらって勝てるものではありません」。当時、会長だった町田勝彦は「痩せても枯れてもシャープは世界一の液晶パネルメーカー」というプライドを持っていた。経営は厳しかったが「国には頼らない」と大見得を切ったのである。

シャープとホンハイの接点

同じころ、日立の液晶事業を買収しそこなったホンハイ会長のテリーは、町田に秋波を送っていた。ホンハイはiPhoneを始めとするアップルの製品を組み立てることで急成長を遂げた。しかし、「アップルの下請け」ではアップルが衰退した時、共倒れになる。「いつかは自社ブランドを持ちたい」という野望を持つテリーは、技術力のある日本の電機メーカーとの協業を渇望していた。経産省の横槍で日立に逃げられたこともあって、テリーは必死に町田を口説いた。

「町田さん、ホンハイとシャープが手を組めば、サムスンにきっと勝てる」

当時、すでにホンハイの売上高は10兆円に到達し、世界最大のEMSになっていた。一方のシャープは世界ナンバーワンの液晶関連技術を持つものの、リーマン・ショック後はハイスペックな液晶テレビがパタリと売れなくなり、過去の過大な投資に押しつぶされそうになっていた。

2011年8月、町田は台湾の台北にあるホンハイの技術開発拠点を訪れた。世界で年間1億数千万台売れるiPhoneを設計しているのはアップルだが、その生産技術はここ台北で生まれる。

シャープがアップルに液晶パネルを納めていたことから、町田もアップルの品質基準の厳しさは身をもって知っていた。iPhoneを組み立てるホンハイもその基準を満たしているはずだが、新興の台湾メーカーにそんな力があるとは、どうしても信じられなかった。だが、町田をホンハイの中枢である開発センターに案内したテリーの顔は「どうだ」と言わんばかりの自信に満ち溢れていた。

それが序論で記した、町田が驚愕したあの場面である。

「ウチより上や……もう抜かれとるやないか……」

ホンハイは日本製の生産装置を使っていたが、そこにさまざまな改良を施していた。ソニー、ノキア、アップル。世界のハイテク企業から生産ノウハウを吸い上げたホンハイの拠点は、間違いなく最先端を走っていた。

テリーは町田にこんな提案もした。

「液晶テレビもいいが、白物家電も一緒にやらないか」

町田が問い返す。

「あんたら、いままで白物を作ったことがあるのか」

「ない」

機能の大半が凝縮された半導体チップを手に入れればプラモデルのように作れるデジタ

ル機器より、物理的に駆動する部分が多い白物家電の方が製品を組み立てる時の難易度は高い。

「いきなりは無理やで」

「だったらコツを教えてくれ」

4ヵ月後、テリーは大きな荷物を抱えて町田の前に現れた。

「これなら売れるか」

それはホンハイが自前で作った扇風機で、出来栄えは悪くなかった。

「そう焦るな」

町田はテリーをなだめたが、内心ではホンハイの対応の早さに舌を巻いた。

町田との交渉が中国の政策に及ぶと、テリーは「ちょっと待ってくれ」と言って、その場で中国共産党の幹部に電話を入れた。中国で100万人を超える雇用を生んでいるホンハイは中国政府に深く食い込んでおり、その情報量はシャープの比ではなかった。

テリーが言うように、ホンハイの「生産力」とシャープの「技術力」という組み合わせは悪くない——そう考えた町田は経産省による「日の丸液晶会社」への誘いを断り「台湾の暴れん坊」と手を組むことにした。

シャープとホンハイの協業が実現したかに見えた瞬間だった。

急転直下

両社の交渉は町田とテリーのトップダウンで一気に進み、２０１２年３月、テレビ用の大型液晶パネルを生産するシャープの堺工場にテリー個人が約６６０億円を出資して生産能力の半分を取得することを決めた。さらにホンハイがシャープ本体に約６７０億円を出資してシャープ株の９・９％を取得することでも合意した。日本の製造業大手がアジア企業からまとまった出資を受ける初のケースだった。

だが、ホンハイによるシャープへの出資期日が迫った２０１２年８月２日、シャープは突如、２０１３年３月期の最終赤字予想を従来の３００億円から２５００億円に下方修正する。

「話が違う！」

テリーは激怒した。出資の大前提である業績がまったく変わってしまったのだから無理もない。

翌朝、東京都港区にあるシャープのオフィスで、町田が会長の片山とともにテリーと向き合った。３月に合意した時のホンハイの買い取り価格は１株５５０円。だが大幅な業績の下方修正を受け、この日のシャープ株は一時１８７円まで下がった。３月時点で合意した条件で出資すれば、ホンハイはいきなり巨額の含み損を抱えることになる。

「ホンハイに迷惑はかけられない。買い取り価格は見直す方向で検討しましょう」

町田が切り出すと、テリーは頷きながら言った。

「シャープの株価が上がるように、両社で協力していけばいい」

その日の夕方、ホンハイは台湾証券取引所に「シャープと出資条件の見直しで合意した」との情報を開示した。台湾市場ではシャープの株価が下がるにつれ「高値づかみ」したことになるホンハイの株価も急落していた。テリーは一刻も早くそれを止めたかった。

ところがシャープは同日、ホンハイと正反対のコメントを出すのである。

「両社が出資条件の見直しで合意した事実はない」

「一体どっちなんだ」

投資家や金融機関は大混乱に陥った。

両社の深い溝

実は、シャープには「合意した」と言えない理由があった。片山は12年3月期の最終赤字が過去最大の3760億円となった責任を取り、3月末に社長を辞し、代表権のない会長に退いていた。相談役に退いた町田にも代表権はない。つまり8月3日のテリーとの会談に、シャープ側は代表権のある人間を出していなかったのだ。二人とも社長経験者ではあるが、代表権のない人間に「出資条件の見直し」という経営の重要事項を決める権限はない。ここで「合意した」と発表すれば、商法違反に問われる恐れがあった。

町田と片山がテリーと会談した8月3日、代表権を持つ社長の奥田と財務担当専務の大西徹夫は、業績見通し下方修正の理由を説明するため金融機関を回っていた。とんだボーンヘッドである。

ホンハイとの提携に反対していたシャープ社内の勢力は、この隙を見逃さなかった。この日を境に、町田が出資条件の見直しに前向きな発言をしたことは棚上げされ、「一度、合意した条件を見直すつもりはない」という建前論を繰り返すようになる。

町田は週に2日程度しか出社しなくなり、援護射撃を求めるテリーに対しても「ワシはもう一線を引いた身やから」と弱気な態度を見せた。交渉は暗礁に乗り上げた。しかし破談になったかといえばそうでもない。シャープは「交渉は継続中」と言いながら、出資条件の見直しには一切応じず、のらりくらりと時間を稼いだ。シャープ側から合意を廃棄するわけにはいかなかったからだ。

ホンハイからシャープ本体への出資がなくなるのなら、その穴をどう埋めるのか。破談にするなら、それを市場に説明しなくてはならない。ホンハイとの「交渉継続」で時間を稼ぎながら、片山は資金集めのために海外を奔走した。

片山が向かった先はインテル、アップル、デル、ヒューレット・パッカード、マイクロソフト、サムスン電子。高精細で消費電力が少ない新型液晶「ＩＧＺＯ《イグゾー》」を核にした業務提携を結ぶため、片山は社長時代の人脈をフル活用して交渉を進めた。

11月1日、シャープは再び下方修正に踏み切り、２０１３年３月期の最終赤字予想を４５００億円とした。格付け会社の米スタンダード・アンド・プアーズ（Ｓ＆Ｐ）は、シャープの長期格付けを一気に３段階引き下げた。

それでも片山と奥田は、ホンハイとの出資条件の見直しに応じようとしない。

「話にならない！」

テリーの忍耐は限界に達し、シャープ本体への出資計画は凍結された。

「シャープの技術を盗もうとした泥棒」

片山らシャープの経営陣はホンハイをそう呼んだ。

ホンハイによる出資の可能性が限りなくゼロになった２０１３年の暮れ、経産省の高官は冷たく言い放った。

「シャープとホンハイの提携なんて、最初から無理筋だったんですよ」

「国賊」と呼ばれた男

シャープの社内には一時「野蛮な来訪者《ホンハイ》を追い払った」という安堵の空気が広がった。だがホンハイを追い払っても、本質的な問題は何一つ解決していなかった。そもそも町田がホンハイに出資を頼んだのは、シャープのバランスシートが危機的なまでに脆弱だったからだ。

売上高2兆数千億円の会社が1兆2000億円の有利子負債と、在庫、設備、人員という三つ子の余剰を抱え込んだ。巨大液晶工場の稼働率ががた落ちになっていることを理由に監査法人に減損処理を求められたら、その場でバランスシートは債務超過に陥り、「ジ・エンド」だ。

では、ホンハイが抜けた穴を誰が埋めるのか。片山は米半導体大手のクアルコムと韓国のサムスン電子から約100億円ずつの出資を引き出したが、シャープの危機度を考えれば金額の桁が一つ足りなかった。

このドタバタ劇を見てほくそ笑んでいたのが経産省だ。

バランスシートの穴が埋まらない以上、シャープの経営危機が再燃するのは時間の問題だった。そこにとどめを刺したのが、JDIである。赤字覚悟の「大塚価格」をつけたインセル・パネルで中国のシャオミから受注を獲得し、シャオミとの取引に賭けていたシャープを絶体絶命の窮地に追い込んだ。

ＪＤＩの筆頭株主が「経産省の別ポケット」、官製ファンドの産業革新機構であることを考えれば、「経産省がシャープにとどめを刺した」と言ってもいい。

喜んだのは格安でインセル・パネルを買うことができたシャオミと、シャープとＪＤＩの同士討ちで漁夫の利を得たサムスンなど韓国のパネルメーカーだ。「ＪＤＩはなぜ我々を目の敵にするのか」。シャープの幹部は無念そうに言った。

「海外への技術流出を許す企業は国賊だ」という経産省の価値観に立てば、シャープには「前科」がある。

１９７０年代の終わり、シャープは韓国のサムスン電子に半導体技術を供与している。その後、サムスンはＮＥＣ、日立製作所などを抜き去り、世界最大のＤＲＡＭメーカーにのし上がる。このときサムスンに技術指導をしたシャープの元副社長、佐々木正は今もサムスンから「恩人」の扱いを受けているが、サムスンに苦杯をなめさせられた日本の半導体メーカーや経産省は、佐々木を「国賊」と呼ぶ。

シャープがサムスンに技術を供与した背景には「マネされる製品を作れ」という、創業者、早川徳次の思想がある。シャープペンシル、ラジオ、テレビ、電卓など、その時々で時代の先端を行く製品を他社に先駆けて生産してきたのが成長期のシャープの姿である。

どの製品でもシャープは技術を抱え込まなかった。佐々木は電卓事業で失敗した松下電器産業（現パナソニック）の創業者、松下幸之助に頼まれ、大阪府門真市の松下電器本社に赴いて、電卓ビジネスにおける松下の敗因を講義したこともある。

「他社にマネされることで市場が広がる。消費者にとってそれは良いことだ。儲からなくなったら次の製品を作ればいい」。早川は常々、そういって社内の開発陣を鼓舞した。今で言う「オープンイノベーション」の思想だが、この考え方は知的財産の保護を国家戦略と考える経産省とは相いれない。ホンハイとの提携で経産省が「半導体の二の舞」を危惧したのも無理からぬことだった。

経産省が描く「電機産業再編」の絵

シャープは2013年、複写機事業をサムスンに売却しようとしたこともある。知財の塊である複写機は、キヤノンやリコーといった日本勢がプレゼンスを保てている数少ないハイテク機器だ。半導体や液晶テレビ、スマホでことごとく日本メーカーを叩きのめしたサムスンが攻略できていない領域でもある。その複写機の知財をサムスンに売り渡されたのではかなわない。経産省と日本の複写機業界はナーバスになり、シャープと各社が結んでいる特許のクロスライセンスを盾に、この交渉をつぶした。

「シャープという企業は、放っておけば、日本の知財を外資に売り渡してしまう危険な会社だ」

経産省は追い詰められたシャープが苦し紛れに先端技術を海外に流出させる事態を恐れた。たとえば、シャープは低消費電力のＩＧＺＯパネルを得意としているが、その開発には科学技術振興機構（ＪＳＴ）も深く関わっている。つまりＩＧＺＯの開発には国費が注がれているのだ。その技術が韓国や台湾、中国に流出してはたまらない。

「ゾンビ企業」救済機構

「技術流出」を忌み嫌う経産省の基本政策は、産業革新機構や日本政策投資銀行などの別ポケットから公的資金を注入し、日本の大企業を外資による買収から守ることだ。しかし、個別企業に税金を入れたのでは、企業の国有化であり、社会主義そのものになってしまう。そこで多用するのがＪＤＩやロジック半導体のルネサスエレクトロニクスへの出資に代表される「業界再編」の隠れ蓑だ。

Ａ社、Ｂ社、Ｃ社がＸ事業を統合する。その新会社に出資することで「業界再編を後押ししている」という言い訳を作るのだ。

経産省は２０１３年にも、この方式で「ジャパンバッテリー」の設立を画策した。日産自動車とNECが設立していた電池会社にソニーの電池事業を統合し、産業革新機構が出資する算段だ。社長には三洋電機（現パナソニック）で電池事業を担当していた本間充が就任することまで決まっていた。だが、この構想はソニーの平井一夫社長が「電池はソニーの中核事業」と位置付けたために頓挫した。経産省は、宙に浮いた本間をジャパンディスプレイの会長に横滑りさせている。

電機業界に再編が必要なことは論を俟《ま》たない。だが、それは公的資金を使って官主導でやるべきことではない。経営の失敗を尻拭いする行為は、血税をリスクにさらすだけでなく、救われた企業がモラルハザードに陥ってしまうからだ。

過保護な経産省にダメにされた企業の代表が東芝である。過剰投資で持て余した液晶事業をJDIに押し付け、スマートグリッド（次世代送電網）事業のためのスイスのスマートメーター・メーカー、ランディス・ギア買収でも産業革新機構に約550億円を出資してもらった。

国にリストラ費用を肩代わりしてもらっていたにもかかわらず、東芝は粉飾決算を続けていた。国が手を差し伸べていなければ、粉飾決算はもっと早く露見していただろうし、東芝自身が甘えを絶って抜本的な再建に取り組んでいたかもしれない。

しかし救済され慣れていた東芝は、破綻寸前まで自助努力をしなかった。その結果として、ついにはNAND型フラッシュメモリーと原発事業にも公的資金が注入され、事実上、国有化される可能性が高まっている。

問題は経産省に事業再生能力があるかどうかである。事業再生の要諦は負の遺産を切り捨て、残ったカネとヒトを勝てる市場に集中投下することにある。負の遺産を処理するときには、債権者、株主、労働組合などとの利害調整など、法的整理の時の管財人に近い能力も求められる。

米国のプライベート・エクイティ（PE＝事業再生）・ファンドは、再生ノウハウの塊だ。業績不振企業を底値で買い、有無を言わせぬやり方で人員と債務を削減し、業績をV字回復させて高値で売り抜ける。残念ながら経産省や産業革新機構にそんな力はない。

たとえば産業革新機構が出資しているルネサスの工場は、北は山形県、南は熊本県まで全国9ヵ所に散らばっている。しかし産業革新機構はその統廃合に手をつけることができず、ほとんどの工場がそのまま残っている。これでは生産効率が上がるはずはない。ようやく山形県の鶴岡工場をTDKに売却する話がまとまったが、こんなスピード感では、米欧の投資ファンドが株主だったら、経営陣の首はとっくに飛んでいるだろう。

産業革新機構はこれまで実施した約8000億円の投資のうち、約4000億円を電機産業の再編に投じている。実態はイノベーションを誘発する革新機構でなく、ゾンビ企業を延命させる「救済機構」なのだ。

大逆転劇

話をシャープに戻そう。ＪＤＩの「大塚価格」でシャオミを奪いシャープを瀬戸際に追い込んだ後、計ったようなタイミングで産業革新機構は「シャープ救済」に動いた。水面下で折衝が始まったのは２０１５年の秋。２０１６年３月末に社債の償還や借入金の借り換えで数千億円の資金がショートしかかったシャープは、産業革新機構に出資を仰いだ。

２０１６年１月には産業革新機構がシャープに３０００億円を出資、三菱東京ＵＦＪとみずほ銀行の主力２行は２０００億円の債権放棄と１５００億円のデッド・エクイティ・スワップ（債務の株式化）に応じるという、総額６５００億円の支援策がまとまった。シャープが液晶事業を切り離し、ＪＤＩと統合するのが引き換えの条件だった。

これで経産省の悲願であった「日の丸液晶会社」が生まれる。新聞は既定路線のように報じた。

だが産業革新機構とシャープが正式合意する直前、ホンハイが逆転の一打を放った。

「シャープに５０００億円を出資し、銀行は１０００億円の優先株を買い取れば債権放棄をしなくてもいい」という破格の条件を提示してきたのである。

テリーが直接くどいた主力行のみずほ銀行がホンハイ支持に傾き、２０１６年2月、シャープは、産業革新機構を蹴ってホンハイからの出資を受け入れることを決めた。

その後、シャープに３５００億円の偶発債務（将来発生する可能性がある債務）が見つかり、ホンハイの出資額は３８８８億円に減額された。２０１６年8月、ホンハイは中国語圏でラッキーナンバーとされる8が三つ続く３８８８億円を払い込み、シャープはホンハイの傘下に入った。

日本電産との「本当の仲」

では、ホンハイは今後、シャープをどう再建していくのか。

２０１５年2月、シャープ元会長で現在は日本電産の副会長を務める片山幹雄が意外なところでシャープ関係者に目撃された。中国・深圳にあるシャープの協力工場だ。そこはスマホ向け液晶パネルの後工程を担当する工場で、片山が社長だった頃にはシャープにとって中国でもっとも重要なパートナーの一つだった。

だが、すでに片山は日本電産に移籍しており、日本電産とこの工場は何の関係もない。今頃片山が、なぜこんなところにいたのか。シャープ関係者は言う。

「あそこは、片山さんが新しいことを始める時に、試作品を作らせていた工場です。日本電産でも何か新しいことを始めようとしているのではないか」

片山はいったい何を始めようとしているのか。片山は日本電産に移籍した後、メディアのインタビューでヒントを残している。

「日本電産で、皆さんが予想できないようなものを作っていく。その事業にわくわくしているんです。人間を幸せにする快適な生活ができるものが作りたい」

日本電産の主力製品である精密小型モーターはパソコンのハードディスクドライブに使われる。同社はこの分野で圧倒的な世界一だが、それは「予想できないようなもの」ではない。むしろこれからはフラッシュメモリーなどに代替され、市場の縮小が予想されている。日本電産創業者の永守重信は、そこに危機感を抱いているからこそ、畑違いの片山を呼び寄せた。

もう一人、自分が興した企業の将来に危機感を抱く男がいる。ホンハイのテリー・ゴウだ。ホンハイの主力事業は米アップルのスマートフォン、iPhoneの受託生産。ホンハイはアップルの快進撃に寄り添う形で成長してきたが、こちらも陰りが見えている。これまで「唯一無二」の製品であり、価格競争とは無縁だったiPhoneも、中国製スマホとの価格競争に巻き込まれつつあり、ホンハイは1日も早くアップル依存を脱する必要がある。

「今いる場所に止まっていたら危ない」

永守とテリー——共通の危機感を抱く二人の創業者が、シャープという企業を触媒に手を組もうとしているのだとしたら……。

最終目標は電気自動車メーカー？

仮に手を組んだとして、二人はどこに向かうのだろう。

「部品メーカーから最終製品メーカーへの脱皮」という永守の言葉がヒントになる。その最終製品が液晶テレビやスマホでないことは確かだ。利幅の薄い市場にいまさら踏み込んだところで活路は見いだせない。

現時点で、もっとも可能性が高いのは電気自動車（ＥＶ）ではないか。日本電産の持つモーター技術とホンハイの生産力、そこに電子部品、通信、液晶といったシャープの技術力を加えれば、価格競争力の高いＥＶの量産が可能になる。

内燃機関を持たないＥＶの生産工程は、ガソリン車よりはるかにシンプルだ。床の下に電池を貼り、車輪の周りにモーターをつければ走り出す。組み立て工程は、自動車というよりスマホに近い。ガソリン車に比べ、新規参入のハードルははるかに低い。

それでもホンハイと日本電産だけで自動車事業を立ち上げるのは難しいかもしれない。

そこで生きてくるのがテリーの人脈だ。

「iPhoneの次は車を作ってみないか」

2015年、EV大手テスラモーターズの創業者、イーロン・マスクがテリーにこう持ちかけたことが米国の新聞紙上で報じられた。「冗談半分で」というニュアンスだったが、あながちそうとも言い切れまい。テリーとマスクの親密さは誰もが知るところ。マスクの悲願は「一日も早く地球上からガソリン車をなくすこと」であり、精密な機械を安く大量に作るホンハイの生産力は大きな武器になる。

テスラが加われば、EVに欠かせない電池の問題も解決する。テスラはパナソニックと合弁で米国に巨大なリチウムイオン電池工場、ギガファクトリーを立ち上げつつあるからだ。

テリーの人脈から推測されるもう一つの可能性はアップルだ。アップルはiPhoneの限界を突き破るべく、2019年にEV市場への参入を目指している。すでに開発人員は600人を超えているとされ、「タイタン」というプロジェクトのコードネームも明らかになっている。

アップルは24兆円の現金を保有している。本気になれば、中堅どころの自動車メーカーを一つや二つ買収するのは難しいことではない。IT・ネット分野における最大のライバル、グーグルが自動運転車で着々と自動車産業への進出を進めていることも、アップルにとっては大きな動機になるだろう。

そのアップルがＥＶに進出するとき、それを安く大量に作るのは、iPhoneで二人三脚を組んできたホンハイである可能性が高い。ＥＶへの進出を目論むアップルに促され、テリーがシャープを買収したのではないか、と考えることもできる。

ホンハイと日本電産に共通するのは、どちらもこれまで、黒子に徹してきたことだ。だが二人の創業者は最後の仕上げとして、自分たちのブランドを打ち立てようとしている。だからテリーはシャープを買収し、永守はシャープから人材を引き抜いている。そう考えれば、辻褄が合う。

テリーと永守の背後にいるのはテスラかアップルか。日本と台湾を代表する起業家が、一世一代の大勝負を仕掛ける。ホンハイによるシャープ買収はその序章に過ぎない。

4 ソニー

平井改革の正念場

脱エレクトロニクスで、かすかに見えてきた光明

2018年3月期、ソニーは20年ぶりの最高益更新に挑む。事業環境は底堅いと見られている。家庭用ゲーム機「プレイステーション4」や、スマホ向け画像センサーの需要が伸びている。格付け会社のムーディーズ・ジャパンは2016年12月、ソニーの格付けをほぼ3年ぶりに投資適格に戻した。

20年前といえば、スター経営者の出井伸之《いでいのぶゆき》が社長になって3年目。パソコンの「VAIO」や大画面ブラウン管テレビの「WEGA《ベガ》」で大ヒットを飛ばし、家庭用ゲーム機の「プレイステーション」が急成長を始めた時期である。

だがここからソニーは永い眠りに入る。プレイステーション以来、大型のヒット商品を生み出すことはできず、安藤国威《くにたけ》、中鉢良治《ちゅうばちりょうじ》、ハワード・ストリンガーの歴代社長はテレビ、ビデオから映画、金融までを手がける巨大企業をインターネット時代に適合させることができないまま、時間だけを浪費した。

2012年に社長に就任した平井一夫は、CBS・ソニー（現ソニー・ミュージックエンタテインメント）に入社した傍流の人間だ。彼がソニー本体の社長になるとは、本人を含め誰一人として予想しなかったが、テレビメーカーの呪縛に囚われたソニーを変革するには、外部の人間か、平井のように傍流の人間を登用するしかなかった。

平井には良い意味でも悪い意味でも「名門企業」のプライドがない。エリートの「技術官僚」たちが練り上げてきた商品企画を「だって、それかっこ悪いじゃん」の一言で潰してしまう乗りの軽さが平井の真骨頂である。

この軽さで平井はエリート技術官僚の牙城であり、赤字の元凶でもあるエレクトロニクス事業を徹底的にリストラする。テレビ事業を分社化し、パソコン事業は売却した。こうしたハード製品を売るためのブランド戦略の要だった国際サッカー連盟(FIFA)のスポンサーからも降板してしまった。

エレクトロニクス事業のリストラはようやく一巡した。今、平井が目指す方向に進めばソニーはもはや「電機大手」ではなくなる。だが、それは決して悪いことではない。むしろ「電機大手」の群れから抜け出すことが、ソニーが生き残るための道である。

メーカーから「リカーリングビジネス」へ

ソニーの2016年4-6月期連結決算は、純利益が前年同期比74%減の211億円だった。熊本の地震で工場が被災した半導体が落ち込んだが、課題だったスマートフォン事業は黒字転換。ゲーム事業も営業利益を大幅に伸ばした。

テレビやパソコンといった、かつての主力事業を分社化したソニーは、これまでとまったく違う企業に変貌しようとしている。「商品を売って終わり」のメーカーから、利用者へのサービスを通じて継続的に収益をあげる「リカーリングビジネス」を主軸に据えようとしているのだ。

メーカーからリカーリングに転身したお手本はアップルだ。同社はインターネットが普及するまではパソコンメーカーだったが、今はアプリをダウンロードする「App Store」や音楽の配信「iTunes Store」が競争力の源泉になっている。スマートフォンのiPhoneを「売って終わり」ではなく、売った後もアプリや音楽といったサービスで継続的に収益をあげているし、App StoreやiTunesを使い続けたいからアップルのスマホやパソコンを使い続けるユーザーも少なくない。

ネットを使ったリカーリングで薄く広く稼ぐ企業を「プラットフォーマー」と呼ぶ。代表的なプラットフォーマーはアップル、グーグル、フェイスブック、ツイッター、アマゾン・ドット・コムなどだ。米国企業が大勢を占めるが、そこに割り込めている数少ない日本企業の一つがソニーである。海外では存在感が薄いが、国内であれば楽天もプラットフォーマーと呼ぶことができる。

ソニーの場合、リカーリングビジネスはゲームが土台になる。現行モデルの「プレイステーション4（PS4）」の世界販売は4000万台を超えた。PS4は主にインターネットに接続して利用するため、ゲーム以外にも音楽や映画の配信のようなさまざまなサービス事業のプラットフォームになる。フィンテック（IT技術を使った金融サービス）が発展すれば、ソニーのもう一つの収益源である金融・保険事業もプレイステーションのプラットフォームに乗ってくる。大人になったゲーム世代はPS4で金融取引を行ったり、保険の手続きをしたりするようになるだろう。

2016年4－6月期のソニーのゲーム事業の営業利益は前年同期比2・3倍の440億円で、すでにゲーム機というハードの販売で得る利益より、サービスで得る利益の方が多い。ゲーム事業には今後も成長の余地が残されている。たとえば仮想の空間を現実のように体験できるバーチャルリアリティー（VR、仮想現実）。ソニー・インタラクティブエンタテインメントは、PS4向けのVR端末「PSVR」を2016年10月に発売した。PSVRはPS4につないで使うゴーグル型の端末で、顔につけると仮想の空間が広がる。VRには米フェイスブック傘下のオキュラスや台湾のHTCも参入しているが、PS4のプラットフォームを持つソニーの実力は、現時点で頭一つ抜けている。

VRは、ゲーム以外の分野でも活用が期待できる。住宅展示場でこのゴーグルをつければ、「仮想の注文住宅」の部屋が目の前に広がる。家の中を歩き回りながら、間取りや日当たり具合を確かめられる。プロ野球の楽天イーグルスは、2017年のキャンプからNTTデータのVRシステムを導入した。打者がHMD（ヘッドマウント・ディスプレイ）をつけ、対戦投手の球筋を見極める練習に活用する。米金融大手ゴールドマン・サックスによれば、こうしたVRのマーケットは2025年には590億ドル（約6兆円）に達するという。

映像・音楽配信事業も厚みを増している。ソニーは2016年、インドのスポーツチャンネル「テン・スポーツ・ネットワーク」を3億8500万ドル（約400億円）で買収した。ソニーはインドで衛星放送・ケーブルテレビなど向けに番組を提供している。テン・スポーツはインドを中心に、モルディブ、シンガポール、香港、中東で衛星放送やケーブルテレビを通じてスポーツ番組を提供するグローバル・メディア。クリケットやサッカー、テニス、ゴルフ、モータースポーツといった世界大会の放映権を数多く保有している。

リカーリングビジネスに大きく舵を切ることができたのは、平井がソニーの本流であるエレクトロニクス事業とは無縁の人間だからだ。平井は1984年、国際基督教大学を卒業してCBS・ソニーに入社した。2009年4月にソニーの執行役EVPに就任するまでの25年間を子会社で過ごしている。

有機的衰退

ソニー本体から見れば「部外者」と言ってもいい存在だ。

平井の登場により、ソニーはようやく「ものづくりの呪縛」から逃れることができたわけだが、最高益を叩き出した1997年から数えれば20年、ソニー凋落の起点とされる2003年の「ソニーショック」から数えれば、実に13年もの歳月を費やした。

その間、ソニーは何度も人員削減を繰り返し、リストラでソニーを去った従業員は8万人に及ぶ。売上高も2割以上目減りし、ブランド力も大きく毀損《きそん》した。

なぜ方向転換にこれほどの時間がかかったのか。

まず基本的な数字を押さえておきたい。リーマン・ショック前の2007年3月期、ソニーの連結売上高は8兆2957億円だった。液晶テレビ、DVDレコーダー、デジタルカメラ、ゲーム機などが好調で、翌2008年3月期には8兆8714億円と9兆円目前まで迫っている。

5年後の2013年3月期、連結売上高は6兆8008億円。ピークから2兆円以上減っている。この時点では、パソコン事業の切り離しのような大掛かりな分社化は実施されていない。M&Aを使わず、既存の事業だけで企業規模を大きくしていくことを「オーガニック・グロース（有機的成長）」というが、ソニーはリーマン・ショック後に事業売却を伴わない縮小、すなわち「オーガニック・リデュース（有機的衰退）」を経験したことになる。

企業の目的は利益を上げることであり、やみくもに売上高を追うことは正しくない。利益を出すため、一時的に身を縮めることも必要だろう。だがこの数字は、ソニーと、そして次章で取り上げるパナソニックが、リーマン・ショック以降、人員と資材調達を減らし続ける「縮む経営」を続けてきたことの証左である。

スクラップ・アンド・スクラップ

不採算部門の切り捨てはやむを得ないとしても、再建の基本は「スクラップ・アンド・ビルド」だ。ビルドがなければ企業は縮む一方である。だが両社はビルドする事業を見つけられず「スクラップ・アンド・スクラップ」に終始してきた。

短期で見れば「スクラップ」だけでも業績は回復する。一時的に固定費が下がり、利益水準や資本回転率を押し上げるからだ。しかし長くは続かない。事業売却や人員削減は、下降し始めた熱気球から燃料ボンベを投げ捨てる行為に似ている。ボンベを投げ捨てて自重が軽くなれば、気球は一時的にふわりと上昇する。だが、燃料を燃やして気球の中に熱い空気を溜めることで機体を浮上させるのが熱気球本来の姿だ。企業に置き換えれば、それは事業や人材を活性化させ、利益という熱を吹き込む行為だ。「スクラップ・アンド・スクラップ」でボンベ（事業や人材）を捨て続ければ、気球はいずれ燃料切れを起こして墜落する。

この悪循環を断ち切ることこそが、平井に求められた最大のミッションだった。理屈は難しくない。燃料タンクを新たに積めばいいのだ。

しかし満タンのボンベは一朝一夕では見つからない。平井も就任からしばらくはボンベを捨て続けた。ボンベを投げ捨てるたびに株式市場やメディアは「平井改革」ともてはやし、一時的には株価が上がる。だがソニーと株式市場の蜜月は長くは続かず、数ヵ月もすると市場は「次の投げ捨て」を要求する。そして株価は上下動を繰り返しながら、中長期では下降していく。それはまるで燃料切れの熱気球のようだった。

出井とストリンガー

ソニーは何を間違え、何に苦しんできたのか。過去20年を振り返ってみよう。

ソニーの過去20年を大括りにすると、創業家と関わりを持たない初のサラリーマン社長・出井伸之が登場した1995年から、2003年1－3月期決算の大幅減益で日経平均株価の急落を誘発した「ソニーショック」前夜までを「好調期」。そこからストリンガー会長・中鉢良治社長時代へと続く9年間が「迷走期」。そして2012年に登場した平井一夫社長から現在までを「集中治療期」と位置付けることができる。

ソニー凋落の戦犯として、真っ先に名前が挙がるのが出井だ。出井が社長になって以降のソニーは革新的な製品を生み出せなくなったし、出井が後継に指名したハワード・ストリンガーの時代も業績は散々だった。しかし「全部、出井が悪い」と決めつけるのは短絡的にすぎる。

出井は決して無能な経営者ではなく、打つべき手は打っていた。だが、出井は外からは計り知ることのできない「内なる戦い」にエネルギーのかなりの部分を使っていた。

出井が戦った見えざる敵、それは創業家の幻影である。

2008年1月の第2週、当時、ソニーと取引のあった大企業のトップたちは、ハワイ・ホノルルの名門ゴルフ場で気持ちのいい汗を流していた。ワイアラエ・カントリークラブで開かれた「2008ソニーオープン・イン・ハワイ」、開幕前日のプロアマ大会。参加者の何人かは、コースに面した豪奢な別荘から双眼鏡を片手にプレーを見守る二人組に手を振った。

一人はこの別荘の持ち主である盛田良子。ソニーの創業者、盛田昭夫の妻である。ソニーの古株役員やOBの間では「ミセス」と呼ばれている。小柄なミセスに寄り添うように立つ大きな男はハワード・ストリンガー。2005年、出井が後継指名したソニー会長兼CEOである。

2005年、会長兼CEOを退くときの出井は満身創痍だった。2003年のソニーショック以降は、やることなすことが全てうまく行かず、社内の求心力も急激に低下していた。皮肉なことに出井に退陣を迫ったのは「監督と執行の分離」の一環で、出井が作った指名委員会だった。

ソニーの取締役全員にヒアリングした指名委員会は、大半の取締役が出井を支持していないことを確認し、彼に辞任を勧告した。出井自身が導入したガバナンス制度が見事に機能した瞬間である。出井はいくばくかの抵抗を試みたのち、取締役会の勧告を受け入れた。事実上の「解任」である。

だがCEO交代の記者会見で出井は「（自ら退任を決意したことで）時代のページをめくった爽やかさがある。（後継者に）ハワードを選んだのは自分だ」と言ってのけた。「指名委員会（による解任）ではないのか」と食い下がる記者に対し、出井は最後まで「選んだのは自分」、つまり自主的な「退任だ」と言い張った。「解任」か「退任」かは最後まではっきりしなかった。

出井の説明は自分が持ち込んだガバナンス制度の精神に反する。株主の付託を受けた取締役で構成する指名委員会は、株主利益を守るためにパフォーマンスの悪いCEOを解任するのであり、解任されたCEOが後継CEOを指名するなど、本来はあり得ない。

日産自動車のカリスマCEOであるカルロス・ゴーンも「自分は後継を指名しない。新しいCEOを決めるのは取締役会であり、前任CEOではない」と、しばしば断言している。業績不振や不祥事など、なんらかの事情でCEOを解任する場合、通常、米欧の取締役会は旧弊を一掃できる経営者を外部から招聘《しょうへい》するか、前任CEOの息がかかっていない人物を社内で昇格させる。前CEOがキングメーカーになるなど、あってはならないことだ。それでは取締役会の意味がなくなってしまう。

にもかかわらず、出井は自分がストリンガーを指名したことを誇示し、記者会見でも「ページをめくったのは自分」と語った。「自分は取締役会に監視されていたわけではない」とも主張した。だとすれば、出井が導入したガバナンス制度は「張り子の虎」だったことになる。出井自身もまだ日本的な「禅譲」のカルチャーから抜け出せていなかったのだ。

「ミセスをリスペクトせよ」

英国に生まれ米国でキャリアを積んだストリンガーは頭のいい男で、日本的な情緒を理解していた。ストリンガーは自分をCEOに引き上げてくれた出井をリスペクト（尊敬）した。その出井がストリンガーに与えた最大のミッションは「ミセスをリスペクトせよ」であった。

建前上の理由はこうである。

「創業者がいなかったら、ソニーという会社は存在しない。自分がCEOの頃は、定期的にミセスと食事をして、事業の節目ではちゃんと説明に行った。ミセスが経営に介入することはないが、ミセス（創業家）をリスペクトするのはソニーCEOの務めだ」

冷徹な米欧型のガバナンスを導入した出井が、「情」の大切さを説いたのだ。しかし本音は違う。出井がミセスを大切にしたのは、自分をソニーの社長に引き上げてくれたのがミセスだったからだ。

出井が社長になったいきさつを考えれば、ソニー創業家と出井の関係が見えてくる。

1995年、出井を後継に指名した前任社長の大賀典雄は「出井君を選んだのは消去法」と断言していた。創業世代を自任する大賀は、出井のことを、明らかに「力不足」と見ていたのだ。

出井はソニーにとって、創業家と関わりのない初めての「サラリーマン社長」だった。技術者ではないから、画期的な製品を開発した実績もない。プレゼンテーションがうまく、押し出しがよく、英語は得意だが、それ以外、これといった取柄は見当たらなかった。

ではなぜ、大賀は出井を選んだのか。

ミセスこと盛田良子が「何とかソニーの社長に」と願った昭夫の次男、昌夫は人望がなく社長の器ではなかった。若い頃から盛田家に出入りし、「伸之ちゃん、伸之ちゃん」と可愛がってきた出井を、ミセスが社長に推したのは「出井なら、昌夫を次の社長にしてくれるに違いない」と考えたからだろう。

出井の「時代を読む力」

だが大賀は後に自らの選択を後悔する。出井が社長になってからソニーは周囲の期待に応えるような革新的な製品をまったく生み出せなくなってしまったからだ。

「井深(大)さんはトリニトロンテレビ、盛田さんはウォークマン、私はCD(コンパクトディスク)とミニディスクを世に送り出した。一時代を画する製品を生み出すのがソニー社長の役目だが、出井君はそれをやっていない」

大賀はソニーの業績不振について記者に問われるたび、あからさまに出井を非難し始めた。出井が社長時代に画期的な製品やサービスを生み出せなかったのは事実だが、出井の打った手がすべて間違いだったわけではない。

たとえば液晶テレビ事業でソニーは、シャープやパナソニックのように自前のパネル工場を作らず、韓国サムスン電子との合弁の道を選択した。この戦略は「パネル史上主義」が幅を利かせ、サムスンが日本の仮想敵とされていた当時、経済産業省などから「非国民」と非難されたが、のちにシャープとパナソニックが過剰設備で塗炭の苦しみを味わったことを思えば、正しい選択だった。

「インターネットは産業界に落ちた隕石だ」とみていた出井は、ネットへの対応を急いだ。これも正解だ。それが今日のリカーリングビジネスにつながっている。

盛田・大賀時代に買収した泥沼の映画事業を立て直した功績も大きい。買収当時のコロンビア映画（現ソニー・ピクチャーズエンタテインメント）の米国人幹部の経営はデタラメで、すさまじい赤字を垂れ流していた。これを日本から管理できる体制にしたのは出井だった。

高すぎる国内での生産コストを引き下げるため、工場を分社化しＥＭＳ（電子機器の受託生産サービス）化したのも出井である。これも「日本のものづくりを弱体化させた」と言われるが、韓国、台湾、中国との価格競争を考えれば合理的な戦略だった。国内での自社生産にこだわった他の電機大手も数年後には海外生産やホンハイなど海外ＥＭＳへの委託生産に切り替えている。

テレビやパソコンが急速にコモディティー化し、コスト競争力に勝る韓国、台湾、中国勢が台頭し、インターネットの普及によってエレクトロニクス・ビジネスの前提が根底から覆る中、出井は社長・会長として孤軍奮闘した。時代を読む力は、当時の電機大手の経営者の中でも抜きん出ていただろう。

ソニー裏面史

経営者としての出井に問題があったとすれば、それは描いたプランを完遂できない実行力の弱さだろう。背景には「ソニー初のサラリーマン社長」という、出井が置かれた立場の難しさがある。

現在のソニーにとって創業家は「理念の象徴」でしかない。盛田家はすでにソニーの大株主ではなく、この先、盛田家の人間がソニーのトップに立つ可能性もゼロである。しかし出井が社長になった頃は、まだ創業家が隠然たる力を持っていた。対応を誤れば出光興産などで起きた「企業対創業家」のお家騒動が起きていたかもしれない状況だった。出井は慎重にことを運んだが、その道のりは平坦ではなかった。

2007年7月、出井が委員長を務めていた日本取締役協会の「企業にとって『最良のガバナンスのあり方』について考える委員会」が、「ベストガバナンス報告書」なるものを発表している。

報告書は企業を「創業者一族が経営も所有も掌握」する第1段階から、株式公開を経て、「経営者は専門的経営者。株主は外部投資家」となる3段階に分け、「企業がどの段階にいるかによって最良のガバナンスの類型は異なる」と指摘する。

出井が社長に就任した1995年の時点で、ソニーは日本屈指のグローバル企業だったが、ガバナンスはまだ第3段階に到達していなかった。盛田家の資産管理会社であるレイケイは95年3月期までソニーの筆頭株主だったたし、会長になった大賀典雄もまた「創業者世代」を自任し、社用ジェット機「ファルコン」で世界を駆け回っていた。「趣味」でベルリン・フィルハーモニー管弦楽団を指揮するその姿は、オーナーそのものだった。一般株主よりも創業家、市場の論理よりも内輪の事情——この時点でのソニーはまだそんな古い体質を引きずっていた。

そうした古い体質がもろに露呈したのが、1989年に買収した米コロンビア映画を巡る騒動だった。

盛田の強い意向で買収したコロンビア映画は名門のプライドだけで生きているような会社で、内部のガバナンスはボロボロだった。しかし名門を手中に収めて舞い上がる盛田や大賀は、手綱をしめることができない。盛田や大賀に食い込んだ米国人社長が暴走し、東京からはコントロールできない。この辺りの状況は『ヒット&ラン』(ナンシー・グリフィン、キム・マスターズ著)に詳しい。

1997年に出井が導入した(執行と監督を分離する)執行役員制度には、暴走するコロンビア映画を押さえ込む狙いもあった。それまでのソニーは他の日本企業と同様、取締役が執行と監督の両方を担い、チェック機関がなく、そこを悪用されていたからである。

オーナー家との関係をどうするか

ソニーの古い体質を断ち切り、世界で戦える水準に引き上げること。それこそが「出井改革」と呼ばれる一連の施策の真の狙いであり、変化を拒む抵抗勢力との戦いは長く続いた。

新潟県妙高市——上信越自動車道のインターを降りて15分も走ると、欧州のリゾートを思わせる洒落た造りのホテルが姿を現す。背後は広大なスキー場。だが、スキーシーズンにもかかわらず、来場客の姿はない。

ＡＲＡＩマウンテン＆スパ。昭夫の長男・英夫が経営する盛田家の資産管理会社レイケイの主導で開発し、１９９３年に開業したスキーリゾートだ。

「父親からロマンチストの性格と親分肌を受け継いだ」（ソニーＯＢ）と言われる英夫は、車いすで楽しめるバリアフリーのスキー場とホテルを目指した。それは「日本が世界に誇るリゾート」（ソニー関係者）だったが、レイケイの投資総額は５００億円に及んだとされ、開業当初から苦しい経営が続いた。

開業から数年後、見かねたソニーが助け船を出そうとしたことがある。「ソニー・スポーツ＆エンタテインメント」という、ソニーやグループ会社が出資する受け皿会社を作り、ＡＲＡＩマウンテンを支援する構想だった。この件について直接聞いた時、出井は次のように証言している。

「創業家支援はソニーの意思ではない。創業家をおもんぱかる人たちが（勝手に）動いただけだ。私が社長になった時、英夫さんとの間で『ソニーはレイケイの問題に絡まない』という約束をした。英夫さんたち盛田家の人間から見れば、ソニーは『300年以上続いた盛田家の歴史の中で、たまたまバブった（急成長した）関係会社』に過ぎない。スキー場は盛田家の問題であり、関係会社のソニーが口を出す筋合いではない。助けてくれと言われたことは一度もない。ソニーの株価が下がって、創業家の資産が目減りしたことについては随分、怒られたけどね」

結局、ソニー・スポーツ＆エンタテインメントによるスキー場支援は実現せず、2006年、ＡＲＡＩマウンテン＆スパはスキー場とホテルの営業を停止した（現在はロッテグループが再開発中）。

レイケイはその後、自動車レースのＦ１関連事業でも巨額損失を出し、2005年に解散。担保にしていたソニー株の大半は既に手放していた。次章で詳述する、松下家の資産管理会社・松下興産が社名を変えて清算手続きに入ったのと、奇しくも同じ年である。

求心力の問題をどうするか

創業家による「所有」の問題は、こうして決着した。だが、これですべての呪縛が解けたわけではなかった。ソニー初の「専門的経営者」である出井には、もう一つ越えねばならぬ壁があった。それは求心力の問題である。

専門的経営者が一番担保できないのは求心力。創業家の人間は黙っていても求心力を持つが、専門的経営者にはそれがない。

「盛田さんは私たちのヒーローでした」

1999年11月、昭夫の合同葬の弔辞で出井自身がこう読み上げたように、盛田や井深は黙ってそこにいるだけで強烈なオーラを放つカリスマだった。社員は彼らの笑顔が見たい一心で、懸命に働いた。出井にはそれがない。出井の言う専門的経営者とは、つまり「サラリーマン社長」だ。あるソニーOBが言う。

「ソニーの社員にとって創業者は特別だが、出井さんとはタメ（同等）。社長といったって肩書の問題で、人間の位が違うわけじゃない」

誰よりそれを痛感していたのは出井自身であり、それはコンプレックスに近い感情だった。出井の側近がこう打ち明ける。「絶え間ない構造改革と華やかなビジョン。その両輪で出井さんは求心力を保とうとしていた」。

それは大賀までの創業者世代とは全く違う求心力の生み出し方だった。トランジスタラジオ、トリニトロンのテレビ、ウォークマン、CD——歴代ソニーのトップは時代を画する製品を世に送り出すことで求心力を高めた。

大賀は組織や制度にこだわる出井に違和感を覚え、プレイステーションで頭角を現した元ソニー・コンピュータエンタテインメント社長の久夛良木健《くたらぎけん》に復活を託そうとした節がある。だが、一時は「ポスト出井」の本命と見られた久夛良木も、最後の最後で出井との権力闘争に破れ、ソニーの社長になることはなかった。ビジョンを示し改革を遂行し結果を出す。好循環が続く間はサラリーマン社長の出井も創業者世代に近いオーラをまとったが、好循環が止まった瞬間、求心力は消えた。

無重力状態

ソニー会長を退任した後の取材で出井はこう語ったことがある。

「専門的経営者は常に生身で市場にさらされ、絶えず短期の結果を求められる。いま儲かることだけをやっていたら、企業はいつか必ずデスバレーにはまり込むが、長期的な視野に立って企業の中に何かを埋め込むような経営はやりにくい。創業家的な感覚で10年後を見る経営は必要だ。企業は生き物だから、風邪を引いて体調を崩すこともあるが、市場はそれを許してくれない」

　ＣＥＯとして全力疾走していた頃の苦しさを出井はこう振り返る。そこには２００３年４月、ソニーの業績予想下方修正で株価が暴落した「ソニーショック」に対する悔しさもある。絶え間ない改革で作り上げたカリスマのオーラは、株価下落で簡単に剝がれ落ちた。

　専門的経営者として生き残るために出井が仕掛けたガバナンス改革は、日本企業の間でブームになった。多くの企業が執行役員制度を導入して取締役の数を減らした。ソニーに倣って報酬委員会、指名委員会を設置した企業も多い。だが、新しい制度の一つや二つで染みついた体質が抜けるものでもない。

「上場後もまだ『会社は自分のもの』だと思っているような経営者。創業者でもないのに『中興の祖』を名乗って独裁者然と振る舞う経営者。そんな人々が、日本経済の変化を止める統制機関になってしまっている」

　創業家へのノスタルジーを盾に変化を拒む抵抗勢力を打ち破ると、今度は巨大な求心力を失った後の無重力状態が待っている。無重力状態は何も決めず、誰も責任を取らない「サラリーマン資本主義」の土壌になる。

　おわかりだろうか。創業家支配を終わらせた出井が「創業家は大事」と考え、後継者としたストリンガーに「ミセスをリスペクトせよ」と伝えた本当の理由、それはこうした無重力状態の危険性をよくわかっていたからだ。創業家のくびきを解かれ、株主も社外取締役も怖くないサラリーマン経営者たちは我が物顔の専横を始める。それを抑止するのがガバナンスだ。

スイスのネスレや米ゼネラル・モーターズ（ＧＭ）の社外取締役として創業家に依存しないガバナンスを学んだ出井は、井深・盛田を精神的な支柱とする日本的ガバナンスから、世界標準へと一気に舵を切った。だが、出井が持ち込んだ哲学は、今日に至るまで、ソニーをはじめとする日本企業の肌にぴったりとはフィットしていない。

その証拠に出井が作った仕組みを引き継いだストリンガーや中鉢、そして現在のトップである平井の求心力は、井深・盛田はもとより、全盛期の出井にも遠く及ばない。

関係会社に転出した60代の役員ＯＢが言う。

「この前、30～40代のソニー社員に盛田時代の話をしたら、『そんな話は聞いたことがない』と言う。井深、盛田の精神の語り部がソニーの中にいなくなったからだろう」

井深・盛田を強く意識するのは出井の世代までなのだ。ソニーにおいて、「ポスト創業家」の問題は依然として残っている。

内戦状態

今度はガバナンス問題を離れ、ソニーの事業にフォーカスしてみよう。ここでも1995年から2005年までの「出井時代」は前半と後半とでくっきり明暗が分かれる。前半は家庭用ゲーム機の「プレイステーション」がヒットし、パソコンの「VAIO」も売れた。

出井は「カリスマ経営者」に祭り上げられ、日本経済のリーダーにのし上がった。英語に堪能な出井は、ダボス会議などの国際会議で各国首脳と丁々発止の議論を戦わせ、政府のIT戦略会議のトップを務めるなど、飛ぶ鳥を落とす勢いだった。

だが、トリニトロンテレビやウォークマンのような大ヒット商品が出井の時代に出なかったのは紛れもない事実である。そのころ、ソニーで何が起きていたか。テレビ開発に携わっていた幹部社員は振り返る。

「役員を交えた会議で新型テレビの部品調達について議論をしていて、テレビの内部で使うコードを黄色にするか黒にするかで揉めたことがあります。何色にしようが、お客さんには見えないところなので、どうでもいい話なんです。どうやら黒で決着し、やれやれと思っていたら、担当役員が、サムスンのコードは何色だ、と尋ね、黒派も黄色派も即答できなかった。それで、この件は後日また、ということになりました」

出井は創業家の幻影を追い払うため、ガバナンス制度に活路を求めた。それ自体は間違いではない。だが組織や制度を立派にこしらえた「副作用」として、ソニーは典型的な「大企業病」を患った。社員の多くは「面白いものやサービスを作ること」よりも「会議をうまく乗り切ること」に夢中になり、そういうことが得意な能吏型の人々がソニー全体を取りしきるようになった。

出井の後を受けたストリンガーはそもそもテレビ局の人間で、ものづくりに関心がない。赤字を垂れ流していたエレクトロニクス部門を目の敵にした。

映画、音楽といったソフト事業のアメリカの「SONY」と、ものづくりの日本の「ソニー」に二分され、互いが疑心暗鬼に陥った。ものづくり部隊は日本に立てこもり、リストラ攻勢をかけるストリンガーに抗戦する。平井が社長になった2012年、ソニーは「内戦状態」にあった。

「脱エレクトロニクス」を実現できるか

ソニーのエレクトロニクス事業は2013年度まで3年連続の営業赤字。特にテレビ事業は04年度からの累積赤字が7000億円に達した。10年、赤字を止められない体たらくだった。就任時に「エレキ事業の2014年度黒字化」を公約した平井社長は早々と「公約違反」のピンチに直面した。

崖っぷちに追い込まれた平井は14年2月、「VAIO」で知られるパソコン事業の売却とテレビ事業の分社化を決めた。就任時に実施した1万人の人員削減に加え、5000人の追加削減も実施した。

テレビとパソコンを切り離したソニーのエレクトロニクス部門に残る手駒は、スマホの「Xperia《エクスペリア》」とゲーム機の「プレイステーション」だが、2013年度の二つの事業の売上高を足しても2兆円弱にしかならない。

おまけにXperiaと同じグーグルのスマホ用OS「アンドロイド」を搭載したスマホは、急速な価格下落が続いている。アンドロイド・スマホの世界市場では、格安端末を得意とする華為《ファアーウェイ》技術、中興通訊（ZTE）、小米《シャオミ》科技といった中国勢がシェアを拡大している。

テレビもパソコンもスマホも、もはやハード単体で稼げる時代ではない。特にネットにつながるパソコンやスマホの場合、利用者にとって大切なのはハードの向こう側にあるプラットフォームであり、ハード単体の性能では差異を生み出せなくなっている。

プラットフォームとは、例えば「検索」のグーグルであり、「買い物」のアマゾン・ドット・コム、楽天市場であり、「コミュニケーション」のフェイスブック、ツイッターである。

利用者の目線に立てばパソコン、スマホといったハードはこれらのプラットフォームを利用するための道具に過ぎず、必要最低限の性能を備えていれば、あとは安いほうがいい。インターネットが普及した1990年代半ば以降に生まれた「デジタル・ネイティブ世代」にとっては、ネットにつながらないテレビなど「なくてもいい」製品なのである。

つまりソニーの存亡は、「脱エレクトロニクス」、すなわち前述したリカーリングビジネスへのシフトを急ぎ、プラットフォーム企業に変貌できるかどうかにかかっているのだ。

目指すはフィリップス

決算が示すソニーの姿には変化の端緒が見て取れる。

2013年3月期の営業利益を部門別に見ると、稼ぎ頭は1458億円の「金融」、2番は478億円の「映画」、3番が439億円の「デバイス」で、4番目は372億円の「音楽」。テレビを含む「ホームエンタテインメント&サウンド」は843億円の赤字、スマートフォンをはじめとする「モバイル・プロダクツ&コミュニケーション」も972億円の赤字である。

「バッド・ソニー」のエレクトロニクスを切り離し、金融・エンターテインメントの「グッド・ソニー」だけを残せば、営業利益2000億円超の優良企業に生まれ変わる。2013年、米ヘッジファンドのサード・ポイントが提案した「エンターテインメント事業の分離上場」はあながち的外れではなかったのだ。

ソニーはサード・ポイントの提案を拒んだが、のちに実施したパソコンやテレビ事業の分社化は、サード・ポイントの示唆に沿ったものと見ることもできる。

平井が目標とするのは、本書第2章と第3章でも述べた、オランダの名門企業フィリップスである。平井の指示を受け、ソニー幹部は果敢な「トランスフォーメーション（事業構造の組換え）」で復活を果たしたフィリップスの過去十数年の事業改革を盛んに研究した。

フィリップスと言えばソニーとともに1982年、音楽CDを共同開発した「デジタルの名門」だ。1996年にはDVDをソニーと共同開発し、世界のAV（音響・映像）市場で高いブランド力を持っていた。

だが2001年に就任したジェラルド・クライスターリー社長兼CEOは、自らがデジタル部門の出身者であるにもかかわらず、2006年に「脱デジタル」の大方針を掲げる。

日本では翌2007年に、シャープが世界最大・最先端の液晶パネル工場となる堺工場、松下電器産業（現パナソニック）がプラズマディスプレーの最新鋭工場となる尼崎第5工場の建設をそれぞれ決めている。日本の電機メーカーが「液晶やプラズマディスプレーこそ未来」と信じていた時期に、フィリップスは「脱デジタル」を宣言した。

当時、日本の電機大手の経営者はフィリップスを「デジタル競争からの落伍者」と見た。「いくら名門でブランド力があっても、技術革新を怠ればああなる。フィリップスにならないよう、研究開発と設備投資を惜しんではいけない」。誰もがそう言ったが、それは日本メーカーの驕《おご》りだった。

親子2代のフィリップス・マンであるクライスターリーは80年代、オーディオ事業やディスプレー事業、電子部品事業の責任者を歴任してきた。「デジタルの名門」を作り上げた一人と言ってもいい。だが1996年から3年間、フィリップス台湾の社長、電子部品部門のアジア太平洋地区統括マネージャーとして台湾に駐在した経験が、彼の考え方を変えた。

着々と力を蓄えるアジアメーカーを目の当たりにし「差異化できないデジタル製品でアジア勢とのコスト競争に打ち勝つのは難しい」と確信したクライスターリーは、社長に就任するとすぐ「選択と集中」を開始する。「選択と集中」と聞けば、日本でも多くの経営者が掲げる方針だが、クライスターリー社長の「選択と集中」は筋金入りだった。

韓国・LGエレクトロニクスとの合弁だった液晶パネル事業は全持ち株をLGに売却、テレビ事業も台湾・TPVテクノロジーとの合弁を経て、同社に売却した。2010年にはNXPセミコンダクターズの全株式を売却した。2013年には社名を「ロイヤル・フィリップス・エレクトロニクス」から「ロイヤル・フィリップス」に変更し、名実ともに

「脱デジタル」を完遂したのである。

ソニーがテレビ事業を分社化したのは２０１４年。フィリップスをベンチマークにするなら「脱デジタル」への踏み出しが8年近く遅れたことになる。

ソニーのオリンパス出資

フィリップスの「選択と集中」は事業売却だけではなかった。２０００年には電動歯ブラシの「ソニッケアー」を扱う米オプティバを買収。２００５年には高輝度ＬＥＤチップを扱う米ルミレッズ、２００8年には睡眠時無呼吸症候群の治療器を扱う米レスピロニクスを買収している。ＣＴ（コンピュータ断層撮影）やＰＥＴ（ポジトロン断層撮影）といった画像診断装置も買収した。

それでも日本の電機メーカーはフィリップスの真意に気づかなかった。「あのデジタルの名門が歯ブラシとは情けない」と。

しかし情けないのは20万円の液晶テレビを売って赤字を垂れ流している日本メーカーの方だった。

使ったことのある人なら分かるだろうが、一度電動歯ブラシを使ってしまうとなかなか手動には戻れない。１万５８００円の電動歯ブラシの本体は何年も持つが、脱着式のブラシは2ヵ月もするとへたってくる。これが1本1000円近くする。替ブラシの利益率はべらぼうに高いはずだ。

替え刃やインクで稼ぐシェーバーやプリンターと同じビジネスモデルなのだ。原価が高く値段の割に儲けが少ない「一度売ったらおしまい」のパソコンやテレビより儲かるのだ。

フィリップスは「医療、照明、生活家電」の3事業に集中することで、同社を世界の電機業界の中でも有数の高収益体質に変えた。その背後には「人々の暮らしを健《すこ》やかにする事業しかやらない」という哲学がある。

もちろん誇り高きフィリップス・マンたちが、もろ手を挙げて「テレビから歯ブラシへ」の転換に賛成したわけではない。クライスターリーの後任社長であるフランス・ファン・ホーテンは日本の雑誌のインタビューで「AV事業からの撤退にためらいはなかったか」と問われ「なかったわけではない」と答えている。

一方でファン・ホーテンは「会社の歴史に誇りを持っているが、感傷で決断すべきではない」とも答えている。感情より合理性。フィリップスのトップは理詰めで巨大企業を大きく方向転換させたのである。

フィリップスを手本とする平井は、社長就任直後に医療機器大手のオリンパスに出資し、医療分野への意欲を見せた。オリンパスは不正会計問題が発覚して経営危機に直面しており、ソニーにとっては医療に進出する絶好のチャンスだった。

ソニーは出資をきっかけにオリンパスを丸ごと買収するつもりだったが、オリンパス経営陣にうまく時間を稼がれ、結局、出資比率11・5%のマイナー出資（500億円）と共同出資子会社の設立という中途半端な結果に終わった。

「11・5%ではオリンパスの資本増強に協力するだけで、見返りは少ない。ソニーはオリンパスを仕留め損なった」と金融関係者は指摘する。実際、その後、500億円の出資の明確な成果は上がっていない。

ソニーのこの戦略は首尾一貫していないようにも見える。医療分野を次の柱に育てるはずが、2013年、ソニーは子会社で医療情報サイト運営のエムスリー株9万5000株をドイツ証券に売却してしまった。保有比率は49・8%に下がり、エムスリーは持分法適用の関連会社になった。会計上の評価差益が発生し、2013年3月期の連結営業損益（米国会計基準）を1150億円押し上げるという財テク効果があったものの、「医療を本気でやるつもりがあるのか」と市場関係者からは疑問視された。

ソニーが本気で医療に舵を切るつもりならば、フィリップスのように社員を総入れ替えするくらいの覚悟が必要だ。昨日まで、壊れても修理すれば済むテレビを作っていた人たちに、命に関わる医療機器は作れない。

実際、フィリップスは「テレビから歯ブラシ」のプロセスで、医療が分かる人材を大量に育てた。

２０１４年４月にパシフィコ横浜で開かれた日本ラジオロジー協会主催の「２０１４国際医用画像総合展」。広い展示会場で最も来場客を集めた企業の一つがフィリップスだった。最先端のＭＲＩ（磁気共鳴撮影診断装置）などが並ぶブースで、取材陣に「フィリップスの目玉は何か」と聞かれたフィリップス エレクトロニクス ジャパンのダニー・リスバーグ社長は流暢な日本語で「社員です」と即答した。

フィリップスの医療事業部門にはワールドワイドで３万７０００人の社員がいる。彼らは日々、世界各国の医師や医療研究者に寄り添い、最先端の医療機器の使い方を懇切丁寧に教えるとともに、医療現場のニーズをきめ細かく組み上げる。

実はフィリップスは医療分野でも１００年の歴史を持っている。１９１８年に医用Ｘ線管球を開発して以来、世界の医療機関との間で絶大な信頼関係を構築してきた。半導体やＡＶが目立ったのは時代の趨勢であり、フィリップスはずっと「医療」という、もう一つの柱を持ち続けていたのである。

切り札は「プレステ」のネットワーク

仮に医療への華麗な転身が難しいとするならば、パソコンやテレビを「スクラップ」した後のソニーは徹底的にリカーリングビジネスを育てるしかない。

年代によってそれぞれだが、我が家にトリニトロンテレビが来た時の喜び、初めてウォークマンのヘッドホンをつけて街を歩いたときの衝撃、プレイステーションのコンソールを手にした時のワクワク感、40代から上の人なら一度はそんな「ソニー体験」をしている。しかし30代から下の若者たちには、そういった「ソニー体験」がない。彼らが体験したのはiPodやiPhoneの衝撃である。若者たちはソニーを「アップルの二番煎じ」と見なしている。

それでもまだ、世界にはプレステのユーザーが数千万人いる。その数千万人がネットを介してソニーのプラットフォームにつながっているという事実は大きなアドバンテージである。VR、AI（人工知能）など持ちうる全ての技術をそそぎ込み、世界をアッと言わせるリカーリングビジネスが生み出せれば、ものづくりの呪縛から解き放たれたソニーは再び輝きを取り戻すかもしれない。

5 パナソニック

立ちすくむ巨人

「車載電池」「住宅」の次に目指すもの

２０１７年3月15日、横浜市港北区で「横浜綱島水素ステーション」の開所式が開かれた。水素ステーションはパナソニックの主導で造成している「Tsunashima サスティナブル・スマートタウン（Tsunashima SST）」の中に設置される。パナソニック、ビジネスソリューション本部長兼東京オリンピック・パラリンピック推進本部長の井戸正弘も開所を祝うスピーチをした。経済産業省、神奈川県、横浜市の幹部が顔を揃え、産官地域の連携プロジェクトであることをアピールした。

Tsunashima SSTはパナソニックにとって、神奈川県藤沢市に造成された「Fujisawa サスティナブル・スマートタウン（Fujisawa SST）」に続く、二つ目のスマートタウン・プロジェクトだ。

先行するFujisawa SSTは６００戸の戸建て住宅に太陽光発電システムと蓄電池を備え、エネルギーを自給自足する省電力型・環境配慮型の街を目指している。

すでに入居者があり、各戸にはエアコンなどの家電製品を制御する家庭用エネルギー管理システム（ＨＥＭＳ）が標準装備されている。二酸化炭素の排出量を１９９０年比で70%削減し、非常時には3日間、電力を自給できるのが自慢だ。

Fujisawa SSTにはパナソニックのほか、ＮＴＴ東日本、東京ガスなど19社が参画している。各社がタウンマネジメントカンパニーを作り、１台の車を複数の利用者で共有するカーシェアリングやヘルスケアなどのサービスを提供する。

近隣の物流センターから必要な時に必要な生鮮食品を届け「冷蔵庫のいらない家」を目指すなど、斬新な挑戦もしているが、世間の注目度はそれほど高くない。

パナソニックは２０１８年に創業１００周年を迎える。液晶・プラズマテレビで瀕死の重傷を負い、どん底からの復活を託された社長の津賀一宏は「コンシューマーへの先祖返りはしない」と語り、ＩｏＴ（Internet of Things＝いろいろな物がインターネットに接続されること）時代が到来してもB to C（消費者を顧客とするビジネス）には回帰しない方針を打ち出している。

「テレビメーカー」の看板を下ろし、B to B（企業を顧客とするビジネス）企業への転身を急ぐパナソニックにとって、ＮＴＴや東京ガスと組んで「街丸ごと」の開発を目指すＳＳＴは、最重要プロジェクトの一つなのだが、そのＳＳＴがパッとしない所に、津賀パナソニックの苦しさがある。掲げている指針に現実味がないのだ。ＳＳＴには「秀才が無理矢理ひねり出した未来」の趣がある。

どうやらパナソニックの株主も同じことを考えているらしい。

２０１６年６月に開かれたパナソニックの株主総会。取締役に再任された津賀一宏社長の得票率は66・7％だった。前回から約20ポイントの大幅ダウンである。大株主を機関投資家で固めた大企業では90％以上の賛成で再任されるのが当たり前。三人に一人が反対に回るのは異常事態だ。津賀は株主からの信用を失いつつある。

２０１６年３月期のパナソニックの連結売上高は前期比２％減の７兆５５３７億円。営業利益は９％増の４１５７億円。純利益は８％増の１９３２億円だった。

白物家電などの売れ行きが好調だったほか、赤字続きだったテレビ事業が８年ぶりに黒字化した。一見すると業績は好調で株主に非難されるいわれはないように見える。だが株主はすべてお見通しだ。この期の利益は構造改革、つまりリストラによって捻出したものであり、新しい価値を生み出して得たものではない。

２０１７年３月期の見通しも連結売上高は７兆６０００億円とほぼ横ばい、純利益は１４５０億円と25％も減る。最初から減益目標でスタートする新年度の計画に株主は津賀の「弱気」を見たのだろう。津賀は「成長投資のための前向きな減益」と訴えたが、１年前に約１７００円だった株価は一時、１０００円を割った。

３ヵ月前の３月には、「売上高より利益を重視する経営に転換する」と表明、「２０１９年３月期に売上高10兆円を目指す」としていたこれまでの経営目標を取り下げてもいる。だから３分の１もの株主が津賀の社長再任に反対したのだ。

あと一息で「10兆円企業」だった

「売上高10兆円」と聞くと立派な目標に聞こえるが、パナソニックにとっては決して難しい数字ではない。２００７年３月期の松下電器産業時代の連結売上高は９兆１０８１億円。プラズマテレビ、デジタルカメラに加え、携帯電話機やエアコンも好調だったこの年、「10兆円まであと一歩」のところまでいっているのだ。

しかしリーマン・ショックを境に、松下電器はまるで穴の空いたゴムボートのようにしぼんでいく。社運をかけて巨額投資を敢行したプラズマテレビと液晶テレビの売れ行きはピタリと止まり、白物家電も不調に陥った。

松下の苦境は「パナソニック」に社名を変更した後も続く。２０１１年４月、約８１０0億円を投じて三洋電機とパナソニック電工を完全子会社化した。M&A効果で規模を拡大しようというわけだ。

２０１０年３月期の三洋電機の連結売上高は約１兆５９００億円、パナソニック電工は約１兆４５００億円だから、両社を飲み込めば約３兆円の規模拡大につながる。パナソニックの連結売上高はリーマン・ショックの影響で約７兆４０００億円まで目減りしていたが、三洋電機とパナソニック電工を取り込めば、悲願の10兆円に手が届く——誰もがそう信じた。

ところが、2013年3月期のパナソニックの連結売上高は約7兆3000億円。リーマン・ショック直前の2008年3月期、3社の売上高を単純合計すると約13兆円になるから、それと比べると、実に5兆7000億円もの減収である。

三洋電機とパナソニック電工の買収を決めたのは、当時会長の中村邦夫だ。中村のカリスマ性もあり、この買収は「日本電機業界、史上最大の再編」と賞賛された。

だが、現実はそんな華やかなものではなかった。2012年3月期の連結決算は7721億円の最終赤字。売上高は10％も減り、三洋電機の採算悪化を受けて7671億円の減損損失を計上した。買収はいきなり凶と出たのである。翌2013年3月期も7542億円の最終赤字。2期で1兆5000億円以上という途方もない赤字を計上し「松下はつぶれるのではないか」と囁かれた。

1＋1を3にするのが本来のM＆Aだが、三洋電機とパナソニック電工を飲み込んだ松下電器は、1＋1＋1が2になってしまった。ここだけを見れば失敗である。だが、そんなことは中村にも分かっていたはずだ。考えなくてはならないのは「もしこのM＆Aをやっていなかったら」である。

三洋電機とパナソニック電工の買収時点の売上高である約3兆円を単純に差し引けば、パナソニックの2013年3月期の売上高は約4兆3000億円になってしまう。現実はそんなに単純ではないが、三洋電機とパナソニック電工というショックアブソーバー（衝撃吸収装置）がなければ、プラズマ・液晶テレビの大失敗の後、松下は本当に倒産していたかもしれない。「テレビの次」が全く準備できていなかったからだ。

モルモットがいなくなった

松下電器にとってテレビ事業の失敗以上に深刻なのは、ソニーに勝ってビデオレコーダーの「ＶＨＳ」をデファクトスタンダードにした後、「目標」を見失ってしまったことにある。

「松下には東京に立派な研究所がおますのや」

現役時代の松下幸之助は研究開発のことを聞かれると、よくそう言って煙に巻いた。「東京の研究所」とはソニーのことである。進取の気性に富んだソニーは「モルモット」と呼ばれ、開発競争の先頭を走った。後発で規模の小さなシャープや三洋電機、日本ビクターも他社がやらないことに取り組み、次々に新機軸を打ち出した。巨人・松下電器はここで頑張る必要はなかった。

企業規模に勝る松下電器はモルモットたちの動きをじっと見ていて、「これはいける」と確信した製品を大工場で量産し、最強の販売網で売りさばく。日立製作所や東芝がそれに続く、というのが日本の電機産業の基本パターンだった。

ビデオレコーダーではソニーの「ベータ」と日本ビクターの「VHS」を競わせた。幸之助は両方を吟味した上で、画質では劣るが録画時間が長くて本体が軽いVHSを選んだ。松下電器が加わったことで流れは一気にVHSに傾き、それがビデオの世界標準になった。松下電器は「後出しジャンケン」で莫大な利益を稼ぎ出した。

テレビがブラウン管から液晶に代わる時も、シャープが「アクオス」で市場を切り拓くのをじっと見て、後出しジャンケンで「ビエラ」シリーズを投入。あっという間にシャープ、ソニーと並ぶ薄型テレビの大手にのし上がった。

しかし薄型テレビを最後に、肝心のソニーやシャープが革新的な製品を出せなくなった。一流企業になったソニーやシャープも過去の成功体験にあぐらをかくようになり、新しい分野に挑戦しなくなってしまったのだ。困ったのがキャッチアップ型の松下電器だ。モルモットがいないのでは、さすがの「マネ下電器」もマネのしようがない。

電力ファミリーや電電ファミリーに属する日立、東芝は、それでも東京電力やNTTからの〝ミルク補給〟でなんとか命をつなぐことができたが、どちらにも属さない松下電器は混乱に陥った。

同じ頃、米国で産声をあげたインターネットは、世界のエレクトロニクス・メーカーに戦略の大転換を迫った。しかし巨艦の松下電器はこの変化に対応できない。十年一日のようにネットにつながらないテレビやビデオを作り続け、どんどん時代に取り残されていったのである。

松下電器が陥った人事抗争

「このままでは松下電器が潰れてしまう」

2000年に社長に就任した中村邦夫が最初に発したメッセージは、危機感にあふれるものだった。米国駐在経験もあり、外から鈍重な松下電器を見てきた中村は、社長になると、何かに取り憑かれたように改革に邁進した。

「創業者の理念以外、変えられないものはない」

そう言ってはばからない中村は、松下幸之助が生み出した「事業部制」まで廃止してしまった。大規模な人員削減にも手をつけた。そして三洋電機とパナソニック電工の買収である。

中村は松下電器の歴代社長の中で、最も決断が早く行動力のある経営者だっただろう。しかし、その中村をもってしても、病んだ巨艦を救うことはできなかった。パナソニックを蝕む病は、それほど重篤だったのだ。

歴史を振り返れば、創業者から数えて4代目にあたる谷井昭雄社長の時代（1986～1993年）、すでにパナソニック凋落の種は蒔《ま》かれていた。

3代目社長の山下俊彦までは松下幸之助の睨みが効いていた。だが、谷井の代になると、幸之助の孫である松下正幸を社長にしたい2代目社長で当時会長だった松下正治の一派と、「それでは会社がもたない」と考える谷井らの一派に分かれた。創業家の扱いを巡って人事抗争が勃発したのである。

一方が権力を握ると他方の路線を否定する。政権交代のたびに方針が変わり、巨大企業の松下電器は方向性を失い迷走した。

谷井が社長だった1990年、松下電器はユニバーサル映画などで知られる米メディア大手のMCAを61億ドル（当時の為替レートで約7900億円）で買収した。コロンビア映画を買収したソニーの後追いである。

ソニーと同様に「ソフトとハードの融合」を掲げた谷井は、アナログの白物家電が中心だった松下電器を、ソフト寄りの会社に作り変えようとした。しかしソニーの盛田昭夫や大賀典雄ほどソフトへの執着があったわけではない。ソニーは買収から10年がかりで金食い虫のコロンビア映画を何とか管理下に置いたが、松下電器は映画会社をどう経営していいかが分からず、MCAの幹部たちに法外な報酬をたからられる。谷井は、MCAが持つ膨大なソフト資産を何とか生かそうとしたが、抗争が絶えない社内では「MCAは失敗」という声が強くなっていく。

谷井にとって致命傷になったのは1991年に発覚した「ナショナルリース事件」である。ナショナルリースは松下製の照明、エレベーター、テレビをビルやホテルにリースする子会社だが、その会社が大阪ミナミの料亭「恵川」の女将、尾上縫《おのうえぬい》に無担保で805億円を融資していた。尾上縫に、ナショナルリース以上に貸し込んでいた日本興業銀行は、これをきっかけに凋落が始まり、富士銀行、第一勧業銀行との3行統合に向かう。バブル末期を象徴するような背任事件であった。

谷井は事態の鎮静化に手間取り、冷蔵庫の欠陥問題も重なって、就任から7年で辞任に追い込まれる。後任に選ばれた森下洋一は正治会長のお気に入りだった。

前任者の否定が裏目に

会長の意を受けた森下は谷井社長時代の路線をことごとく否定する。MCAが提案してきた日本でのテーマパーク建設を却下しただけでなく、「松下電器の本業は製造業だ」としてMCAを57億ドル（同約4800億円）でシーグラムに売却してしまう。谷井時代に構想していた音楽や映像の配信事業も立ち消えになった。ちなみに、シーグラムに売却された後のＭＣＡが社名変更し、日本に建設したテーマパークが、あの「ユニバーサル・スタジオ・ジャパン（ＵＳＪ）」である。

音楽や映画の配信が当たり前の時代になり、ＵＳＪが東京ディズニーランド並みの観客を動員する大阪の新名所になったことを考えると、谷井が敷いた路線は間違いではなかった。だが松下電器はここから「ものづくり」への先祖返りを始める。

「ソフトとハードの融合」という谷井時代の看板を下ろした森下が打ち出したのは、ブラウン管テレビ事業の強化だった。

当時、松下電器は平面ブラウン管の技術でソニーに大きく遅れをとっていた。「家電の王様」であるテレビ事業を立て直すため、森下は開発の尻を叩いた。技術者の間では「次は液晶かプラズマ」という見方が広がっていたが、営業出身の森下社長は、足元で利益を上げているブラウン管に執着した。

正治会長・森下社長の体制は結局7年間続いた。

松下電器がＭＣＡを売却した１９９５年は、マイクロソフトがパソコンＯＳの「Windows 95」を発売し、インターネットの爆発的な普及が始まった年である。すべてがアナログからデジタルに、オフラインからオンラインに移り変わる中、松下電器は昔ながらのテレビや白物家電に逆戻りしてしまったわけだ。権力闘争の果てに新しい分野への挑戦意欲を失った巨艦は緩やかに、しかし着実に沈み始める。

「1インチ1万円」の幻

2000年、森下の後任として社長になったのは幸之助の孫である正幸ではなく、中村邦夫だった。このころ正幸に33万人の巨大企業を束ねる力がないことは衆目の一致するところとなっており、正治会長もさすがにゴリ押しはできなかった。

10年近くにわたる人事抗争の結果、中村が社長に就任した時点で、松下電器は手の施しようがないほどに弱体化していた。かつて「松下銀行」と呼ばれた盤石の財務はMCA買収の失敗で激しく劣化していた。組織は硬直化し、長らくヒット商品が出ていない。新たな産業プラットフォームになったインターネットにも全く対応できていなかった。

すでに述べたとおり、松下電器の将来に強い危機感を抱いた中村は聖域なきリストラに着手した。しかし経費削減だけでは組織が萎縮し衰退してしまう。中村は社運をかけるべき新規事業を血眼になって探した。そして得た結論が、プラズマディスプレーへの巨額投資だった。

なぜプラズマか。液晶ではシャープや韓国のサムスン電子が先行していたが、プラズマにはまだチャンピオンがいなかったからだ。

当時、薄型テレビの開発競争は混沌としていた。主流は液晶かプラズマか。それとも一足飛びに有機ＥＬか。キヤノンと東芝は「ＳＥＤ（表面伝導型電子放出素子ディスプレー）」を共同開発していた（２０１０年に開発断念）。

液晶は高精細だが技術的な制約から「40インチ以上の大型化は難しい」とされていた。プラズマは大型化に向いていたが、消費電力が多く製造コストも高かった。松下電器はプラズマを主軸に据え、２００５年に尼崎の第３工場を立ち上げた。

当時、日本の電機メーカーの間では、新製品を日本で発売し、ヒットすると順次増産して海外に販路を広げるマーケティングが一般的だったが、中村は「それではグローバル競争に勝てない」と考え、最新の製品を世界市場で一斉に発売する「垂直立ち上げ」を目論んだ。

そのためプラズマも増産に次ぐ増産で、２００７年には尼崎第４工場、２００９年には尼崎第５工場が立ち上げられた。２００９年までに松下電器は総額４０００億円を投じ、月産28万枚という途方もない供給体制を築いた。

このころ、中村は「１インチ１万円を切れるかどうかが勝負」と睨んでいた。当時、30インチの薄型テレビの店頭価格は40万円、40インチは50万円以上した。松下電器は大量生産でスケールメリットを出し、40インチのプラズマテレビを30万円台で売ろうと考えた。

しかし薄型テレビの価格は「年率30％」という、中村の予想をはるかに超えるスピードで下落した。尼崎工場が稼働するころには、40インチの液晶テレビの店頭価格が30万円を切っていた。コストダウンが難しいプラズマは、結局薄型テレビの主役にはならなかった。液晶の技術革新が進んで大型化が可能になり、あらゆる面でプラズマを上回ったからだ。

ライバルを滅ぼせば自らも倒れる

もう一つ、松下電器はプラズマ事業で大きなミスを犯している。それは最先端のプラズマ技術を自社の中に抱え込んでしまったことだ。大手テレビメーカーの大半は液晶派だった。松下電器のプラズマテレビが価格的にも技術的にも突出していたため、数少ないプラズマ派だったパイオニアは、早々に撤退に追い込まれた。この結果、プラズマテレビメーカーは、事実上、松下電器だけになってしまったのである。

消費者はテレビを買うとき、さまざまなメーカーをあれこれと比べ、気に入ったブランドを選ぶのが楽しい。プラズマの画質がどんなに綺麗でも、「松下電器一択」ではつまらないのだ。消費者は選択肢の多い液晶テレビに流れた。

部品や素材のサプライヤーもプラズマを見限った。プラズマテレビ向けの部品を一生懸命作っても、買ってくれるのは松下電器だけ。松下電器がコケたら、それまでである。複数の買い手がいる液晶関連の部材に力を入れるのは、サプライヤーとして当然の心理である。社運をかけたプラズマ事業が「失敗した」と悟った中村は、次なる行動に出る。松下幸之助の義理の弟で、松下電器の創業メンバーでもあった井植歳男《いうえとしお》が戦後に立ち上げた「同根会社」の三洋電機と、「兄弟会社」の松下電工を飲み込みに行ったのだ。

この大胆な意思決定については「プラズマの失敗を糊塗するための目くらまし」という見方もある。しかし「日本には電機メーカーが多すぎる」というのが中村の持論であり、率先垂範で再編を進めたと見ることもできる。

日本の電機業界は確かに過当競争である。日本の電機大手がテレビ事業で失敗した原因を「アジア勢の台頭」に求める人は少なくないが、実態は違う。少なくとも国内市場において、韓国製や台湾製の薄型テレビは日本メーカーの脅威になるほどには売れていない。液晶、プラズマの大投資でシャープやパナソニックの経営が悪化した2012年頃、韓国・台湾製テレビの国内シェアは5％に届いていなかった。

外部から価格破壊者が侵入してきたわけでもないのになぜ、店頭での薄型テレビの価格は年率3割という恐るべきスピードで下落したのか。

「製造業の国内回帰」とおだてられ、日本各地に巨大工場を作ったシャープやパナソニックが余剰な生産能力を抱え込み、ヤマダ電機をはじめとする家電量販大手に煽られるままに不毛な値下げ競争を続けたからである。

シャープやパナソニックが仕掛けた価格競争に東芝や日立は応戦した。豊作貧乏になることは目に見えていたが、繰り返し述べているように、東京電力やＮＴＴから〝ミルク補給〟を受けている東芝、日立などの総合電機は、自らのメンツを守るため、赤字を垂れ流してもテレビやパソコン事業からは撤退しないのだ。

補給を受けていない独立系のパナソニックやシャープ、ソニーといった会社は、海外の利益を国内につぎ込んでさらに応戦した。

こうして莫大な研究開発コストと設備投資費をかけた薄型テレビで泥沼の価格競争が続いた。つまり自滅である。テレビ以外の家電も状況は概《おおむ》ね同じである。ヤマダ電機などの家電量販店の棚を確保するために恒常的な値引きを強いられ、利益が出ない構造になっていた。

メーカー数の多さに起因する過当競争に終止符を打つには、再編でプレーヤーの数を減らすしかない。そう考えた中村は、まず松下グループを再編した。２００２年から２００３年にかけて上場子会社である松下通信工業、九州松下電器、松下寿電子工業、松下精工と、非上場の松下電送システムの５社を株式交換により完全子会社化した。

「イタコナ社長」の失策

２００８年、会長になった中村は「松下電器産業」から「パナソニック」への社名変更に踏み切る。そして翌２００９年、新生パナソニックは満を持して三洋電機とパナソニック電工の買収に乗り出す。

まずＴＯＢ（株式公開買い付け）で両社を連結子会社にしておき、２０１１年には再度のＴＯＢで完全子会社化した。この買収でパナソニックは、最初の連結子会社化の時に約９０００億円、完全子会社化の時に約５２００億円を使った。

三洋電機の二次電池事業、パナソニック電工の住宅設備事業などを取り込むのが狙いだった。三洋電機にはピーク時、10万人の従業員がいたが、パナソニックの中で生き残ったのはわずかに９０００人。三洋電機の洗濯機・冷蔵庫事業は中国の海爾集団《ハイアール・グループ》に、半導体事業は米オン・セミコンダクターに売却された。

のれん代の減損処理や人員削減の特別損失でパナソニックも巨額の赤字を計上した。代償は小さくなかったが、ようやく日本の電機産業のプレーヤーを一つ減らすことはできた。

しかし身を縮めた後、どこに向かってジャンプするのか。そのアイデアがパナソニックにはなかった。中村の後を受けて社長になった大坪文雄は「イタコナ社長」と呼ばれた。「あらゆる製品をイタ（板金やプリント回路基板）、コナ（樹脂材料）までさかのぼって無駄を削減せよ」と号令をかけたからだ。しかしインターネットの出現で、テレビやビデオレコーダーそのものが時代遅れになった局面で、地道なコスト削減に取り組んでも突破口は見えてこない。

パナソニックが三洋電機の買収などに勢力を割いていた頃、世界では2007年に発売されたアップルの「iPhone」が爆発的な勢いで売れていた。エレクトロニクス市場の主流はテレビからスマホへと一気に流れていくが、この流れにパナソニックは完全に乗り遅れた。

もはや「水道哲学」は通用しない

「イタコナ」でテレビを「安く大量に作る」という大坪氏の戦略は、パナソニックの創業者、松下幸之助が唱えた「水道哲学」の延長線上にある。幸之助は自著で水道哲学についてこう語っている。

〈聖なる経営、真個の経営とはいかなるものか。それは水道の水だ。（中略）水道の水は加工された価あるものなるにもかかわらず、水道の栓をひねって存分にその水を盗み飲んだとしても、水そのものについてのとがめはあまり聞かない。これはなぜか。それは価あるにもかかわらず、その量があまりにも豊富であるからである。（中略）生産者の使命は貴重なる生活物資を、水道の水のごとく無尽蔵たらしめることである。いかに貴重なるものでも量を多くして、無代に等しい価格をもって提供することにある。かくしてこそ、貧は除かれていく。貧より生ずるあらゆる悩みは除かれていく〉(『私の行き方 考え方』)

日本全体が貧困に覆われていた時代に、幸之助の水道哲学は日本人の精神的支柱になった。洗濯機から薄型テレビまで、量産する品目が変わっても「良いモノを安く大量に作る」ことは日本企業共通の目的であり続けた。

「イタコナ」を唱えた大坪はその時代の価値観で生きていた。薄型パネルは鉄鋼や半導体の流れを受け継ぐ「輸出産業」の旗頭になるはずだった。

しかしリーマン・ショック後、世界経済の牽引役は先進国から新興国に移り、日本で作って海外に輸出するビジネスモデルは通用しなくなった。いつまでも「安く大量に」ではデフレ・スパイラルからも抜け出せない。しかも消費者の志向は「大量消費」から「環境配慮」に移っていった。これらの変化はすべて「水道哲学」が限界につきあたったことを意味していた。

正しかった「シンク・ガイア」

皮肉なことにパナソニックが買収した三洋電機は、一足早く「水道哲学」を卒業していた。2005年11月に三洋電機が発売した二次電池の「エネループ」。従来の二次電池は充電してから一定の時間が経過すると自然放電で使えなくなった。これを、充電後、1年放置しても85％のエネルギーが残るところまで改良、出荷前に充電しておくことで「買ってすぐ使える電池」に仕上げた。1000回繰り返して使えるエネループは「電池は使い捨て」という概念を覆した。

この製品を皮切りに三洋電機は「未来の子供たちに美しい地球を還そう」という「Think GAIA（シンク・ガイア＝地球のことを考える）」のビジョンを展開していく。シンク・ガイアの旗を振ったのは、当時会長だった井植敏《さとし》に請われて三洋電機会長に就任した野中ともよである。

野中は「創業家の弾除け」と揶揄され「元ジャーナリストの女性に大企業の会長が務まるか」と集中砲火を浴びた。しかし、消費者目線に立つ野中の下で三洋電機は次々とヒット商品を生み出していく。エネループの次に当たったのは洗濯物をオゾンで洗う洗濯機。生米からパンが焼けるホームベーカリーの「ゴパン」は小麦アレルギーの子供を抱える主婦の支持を集めた。

何度も充電できる二次電池は、今やスマートフォンにも、電気自動車にも欠かせないキーコンポーネントである。再建を託された実務家としての力量は備わっていなかったかもしれないが、三洋電機を「環境の会社」にしようという野中のビジョンは的外れではなかった。

一方パナソニックは、二次電池でも大きく出遅れた。幸之助の時代から手がける一次電池（使い捨ての乾電池）が細々とではあるが利益を生み続けていたからだ。

幸之助はラジオの値段を安くして、繰り返し買ってもらえる乾電池で儲けるビジネスモデルを編み出した。替え刃で儲けるシェーバーや、インクで稼ぐプリンターと同じモデルだ。安く大量に売る乾電池は、水道哲学を象徴する商品だった。

だが、エネループのヒットは、使い捨て電池に代表される幸之助の水道哲学が時代遅れになったことを明示している。水のように無尽蔵にものを作る行為は、際限なく資源を消費し、大量の廃棄物を出すことを意味する。人間が豊かになればなるほど、環境に負荷がかかるのでは、持続的な発展は望めない。

持続可能な社会を考えた時、「安価無尽蔵」を掲げる水道哲学は時代遅れと言わざるを得ない。「環境の会社」に変貌するためにも、松下電器は三洋電機を飲み込む必要があった。

しかし松下電器には「我々が本家、三洋は分家」という強烈なプライドがあるから、幸之助の水道哲学を捨てて「シンク・ガイアに乗り換えました」とは口が裂けても言えない。そこで松下電器は、飲み込んだ三洋電機の痕跡を執拗なまでに消そうとした。

米粉でパンが焼ける「ゴパン」や炊飯器の「おどり炊き」といった三洋電機のヒット商品は、作れば売れ続けただろうが、無情にも市場から消された。

大坪は三洋電機、パナソニック電工を完全子会社化した時、ある雑誌のインタビューで「これまでのように3社が互いを尊重し、独立性を意識しながらコラボする体制では、致命的な遅れが出ると感じた」と語った。

パナソニックは両社の完全子会社化と同時に「サンヨー」（三洋電機）、「ナショナル」「ナイス」（パナソニック電工）のブランドを廃止した。プライドを奪われた三洋電機社員の多くは、絶望してパナソニックを去った。２０１２年6月に就任し、現在も社長を務める津賀一宏は、公式の場で「3社の融合」について語ったことはほとんどない。

薄型テレビに代わるものは？

パナソニックの今後・未来についても予測してみたい。

津賀は薄型テレビに代わる成長分野として「車載（電池）」と「住宅」を掲げている。ちなみに車載の中核は三洋電機の技術をベースにした二次電池であり、住宅の基盤はパナソニック電工の住設事業である。つまり両社とも「本家」の事業ではない。

現在のパナソニックで最も将来有望な事業は車載電池だ。米国の電気自動車（ＥＶ）メーカー、テスラモーターズは２０１６年7月、米国ネバダ州のバッテリー新工場、「ギガファクトリー」でグランドオープニング式典を開いた。

ギガファクトリーは世界最大の電池工場で、２０２０年までにフル生産に達する見通しで、1年間で生産されるリチウムイオン電池の数は、２０１３年に全世界で生産されたバッテリーの合計数を上回る。建設コスト50億ドル（約５０００億円）で、うち20億ドル（約２０００億円）をパナソニックが負担するとされている。

ここで生産する電池はテスラが２０１７年に発売する普及版ＥＶ「モデル３」に搭載される。ＥＶを構成する部品の中で最も高価な電池を大量に生産することで、モデル３の価格は現在テスラが販売している「モデルＸ」などの半額に当たる3万５０００ドル（約３５０万円）と予定されている。

米国の各州は排ガスを一切出さないＺＥＶ（ゼロ・エミッション・ビークル）に多額の補助金を出す方向に政策転換しつつあり、これまで優遇してきたＨＶ（ハイブリッド車）に対する補助金の減額や廃止を検討する動きがある。

ハリウッド俳優など環境意識の高いセレブリティの間では、かつてはトヨタ自動車のＨＶ「プリウス」に乗ることがステイタスだったが、今やその座はテスラに奪われた。モデル３が、補助金込みでプリウスよりも安くなれば、トヨタにとってドル箱である北米市場からプリウスが駆逐されてしまう恐れもある。モデル3にはすでに37万台を超える予約が集まり、テスラは400億円近い予約金を手にしている。

パナソニックにとって、テスラとの協業は巨大なビジネスチャンスだ。EVのデファクトスタンダードであるテスラの電池を一手に供給できれば、年間数千億円規模の事業になる。パナソニックは市場拡大に合わせて、車載用電池の売上高を2015年度の約1800億円から2018年度に4000億円にまで伸ばす計画を掲げた。

人材流出

ただ、リチウムイオン電池市場でパナソニックの技術力が突出しているわけではない。LGエレクトロニクス、サムスン電子といった韓国勢がパナソニックを猛追しているし、いずれは中国、台湾メーカーも台頭してくるだろう。

かつての半導体や液晶と同じように、車載電池の分野でも人材の流出が始まっている。2013年10月、パナソニックの車載電池開発拠点である加西工場（兵庫）で技術総括を務めていた能間俊之という技術者が会社を辞めた。能間は旧三洋電機の出身で、車載電池のスペシャリスト。トヨタ自動車や独フォルクスワーゲン、米ゼネラル・モーターズ（GM）、米電気自動車ベンチャーのテスラなどと太いパイプを持つエースだった。

会社を辞めた後、彼の行方を知る者はいない。兵庫県の自宅を引き払い、忽然《こつぜん》と消えてしまったのだ。三洋電機時代の仲間は「サムスン電子に引き抜かれた可能性が高い」と見ている。能間以外にもすでに10人を超える元三洋電機の電池技術者が韓国に渡ったとされる。

リチウムイオン電池世界最大手のサムスンＳＤＩは、車載電池の開発を強化するため、グループの電子部品素材メーカー、第一毛織の吸収合併を決めた。サムスンＳＤＩは独ＢＭＷがこのほど発売した電気自動車「BMWi3」にも電池を供給しており、２０２０年までに売上高を２０１３年の３倍の約２兆８０００億円に伸ばす計画を打ち出している。

この会社の開発トップに能間のような元三洋電機の技術者がいるとしたら、サムスンＳＤＩは「車載事業で2兆円」を目指すパナソニックの手強いライバルとして立ちはだかる恐れがある。

インテルとシャープの分かれ目

２０１７年春の現時点で、テスラのイーロン・マスクＣＥＯは「モデル３の電池に関してパナソニック以外の企業とは話をしていない」としているが、複数のサプライヤーを競わせるのは部品購買の常道である。いつまでもパナソニックの独占というわけにはいかないだろう。

完成品のメーカーから部品サプライヤーに一歩下がれば、浮き沈みの激しいB to CからB to Bにシフトすることでビジネスのボラティリティーは減る。だが、それは複数の完成品メーカーに不可欠な部品を供給している場合に限られる。特定の完成品メーカーに依存すれば、その会社に価格決定権を握られ、いいように振り回される。

少し前までアップルに依存していたシャープの液晶事業がその典型だ。アップルの需要を当て込んで巨大な工場を構えたが、アップル製品の売れ行きが鈍れば、容赦なく受注量を減らされた。一時のシャープは「黒字も赤字もアップル次第」という状況だった。

このままではパナソニックとテスラの関係も、これに近いものになりそうだ。キーコンポーネントを独占する「インテル」になれるか、完成品メーカーに振り回される「シャープ」で終わるか。パナソニックの車載電池事業は大きな岐路に立っている。

幻に終わったスマートシティー計画

パナソニックの未来を占うもう一つの柱が、この章の冒頭でも触れた住宅事業だ。そのショールームと言えるのが神奈川県藤沢市の「Fujisawaサスティナブル・スマートタウン（Fujisawa SST）」である。国土交通省「住宅・建築物省CO_2先導事業」や環境省の「低炭素価値向上に向けた二酸化炭素排出抑制対策事業」に採択された「立派」なプロジェクトだが、前述のとおり、評判はパッとしない。要は堅苦しいのだ。実は今から20年前に津賀と同じことを考えた経営者がいる。三洋電機会長（当時）の井植敏だ。

１９９2年、三洋電機は三井住友フィナンシャルグループ、和歌山県の地方銀行、紀陽銀行との共同出資で三洋紀泉開発という会社を作り、大阪の老舗商社イトマンが抱えていた50万平方メートルに及ぶ和歌山県の土地を買い取って、戸建て、マンション計１０００戸の街づくりに着手した。

関西国際空港に近い好立地で、南向きの斜面は太陽光発電にうってつけ。街は「サンナップヒルズきのもと」と名付けられた。井植は「全戸にウチの太陽光パネルを載せよう。風力発電もやったらええ。電柱も電線もない理想の街や」と現場に号令をかけた。まだスマートシティーという言葉こそなかったが、発想はFujisawa SSTと同じである。バブル崩壊と重なったこのプロジェクトは２０００年に中止され、三洋電機グループは１５０億円の債権放棄を余儀なくされた。

今回、パナソニックが手がけるFujisawa SSTが二の舞を演じないという保証はない。

リストラの次は

以上見てきたように、「車載」「住宅」がともに大きく成長を遂げる事業であるかどうかはまだわからない。が、それでも今のパナソニックは、当面はこの2事業で押していくしかない。

冒頭で少し触れたが、津賀社長はリストラに力を入れ続けている。パナソニックは2014年、パナソニックヘルスケアの全株式を米投資会社のKKRに1650億円で売却した。同時期に物流子会社のパナソニックロジスティクスも売却。汐留の東京支社ビルも手放した。プラズマテレビ事業、スマートフォン事業、携帯電話向け回路基板事業からは撤退し、半導体工場にはイスラエル企業の出資を仰いだ。

即断即決が持ち味の津賀は猛スピードでパナソニックの贅肉をそぎ落とした。ここまで固定費を落とせば、利益が出るのはある意味、当たり前である。問題はリストラモードから成長モードに切り替えられるかどうかだ。

AV機器がコモディティー化した今日、テレビやビデオの会社だったパナソニックが、どんな会社に生まれ変わろうとしているのかはまだ見えてこない。テレビコマーシャルで力を入れているのはヘアドライヤーだが、それがパナソニックの柱になるとは思えない。

たとえば本気でインターネットに取り組むならIoTへの足がかりとして、英半導体設計会社のARMを買収するのはソフトバンクではなくパナソニックであるべきだったのかもしれない。

だがリストラで疲弊したパナソニックに３・３兆円買収の余力はなかった。ソフトバンクがＡＲＭを買収し、通信会社のＡＴ＆Ｔがメディア大手のタイム・ワーナーを買収する。ネット時代の新しい産業秩序を求めて世界の巨大企業が猛然と動く中、日本の電機産業はパナソニックを筆頭に、まだ未来への道筋を描けず立ちすくんでいる。

6 日立製作所

エリート野武士集団の死角

「技術の日立」を過信し、消費者を軽んじた

時価総額はピーク時の3分の2に

〈GNP（国民総生産）企業〉

１９８０年代まで日立製作所は、そう呼ばれていた。

１００年を超える歴史を持ち、電池、洗濯機から大型汎用コンピューター、原子力発電所まであらゆるものを作るこの会社は、日本の製造業の象徴だった。

１９６０年代から70年代の高度経済成長期、日立の成長率は日本のGNPの伸び率と見事にシンクロした。GNPが伸びれば日立の業績も上がり、GNPが伸び悩めば日立の業績も伸び悩んだ。この相関関係には理由がある。

もはやおわかりだろう。景気が悪化すると、政府は水面下で東京電力や電電公社に設備投資の増額を促した。東電や電電公社の業績が厳しければ、電気料金や電話料金の値上げを許し、2社に国民の金が流れるようにすればいい。消費を刺激したければ、春闘で賃上げを促す。バブル崩壊前、政官財の「鉄のトライアングル」が機能していたこの時代、政府は東電と電電公社を使って景気をコントロールした。それゆえ、東電・電電公社の「製造部門」とされた日立の業績は日本のGNPと同一のカーブを描いたのだった。

バブル絶頂の１９８９年、株と土地の高騰に沸く日本では金融業やサービス業がもてはやされ、製造業の株価は冴えなかった。油にまみれる製造業は「3K（きつい、汚い、危険）職場」と呼ばれ、学生にも不人気だった。

1989年末の株式時価総額ランキングを見ると、当時の世相がよく分かる。首位は民営化したばかりのNTT。2位以下には日本興業銀行、住友銀行、富士銀行と、金融機関が並ぶ。製造業でトップテンに名を連ねたのは8位のトヨタ自動車だけだった。ちなみにこの時のトヨタの時価総額は7兆7086億円。製造業でトヨタに続いたのがGNP企業の日立である。時価総額は4兆6418億円だった。

27年後の2016年末、トヨタの時価総額は22兆4428億円で日本企業の首位に立つ。四半世紀強の間にトヨタは企業価値を3倍に膨らませたわけだ。一方、日立の2017年3月末の時価総額は約2兆9100億円で3兆円を切っている。1989年を起点にすると金額で1兆7318億円、率にして37％も目減りしている。

2017年3月末で時価総額約1兆2000億円の東芝との比較で「勝ち組」と呼ばれることもある日立だが、四半世紀前より時価総額が4割近くも少ない会社を「勝ち組」と表現するのは間違いだろう。

粉飾決算の東芝や、衰退の一途をたどるNEC、液晶一点張りで自滅したシャープなど比べる相手が悪すぎるから、マシに見えてしまうだけである。

日立の2016年3月期の連結売上高は10兆343億円。09年3月期以来、7期ぶりに10兆円台を回復した。最終利益は1721億円。09年3月期に製造業で過去最悪となる7873億円の赤字を出したことを考えれば、復調と言えるかもしれないが、売上高利益率1・7%はまだ健全な会社の数字とは言えない。09年に36万人だった社員を33万人まで減らし、「ギリギリのところで耐えている」というのが正確な表現だろう。

関東の野武士集団

1910年(明治43年)、久原鉱業所が経営する日立鉱山で使う鉱山機械(モーター)の修理工場として産声を上げた。1920年に株式会社日立製作所として独立して発電所の建設を手掛けるようになり、その後、造船、電気機関車、家電(扇風機)、エレベーターと業容を拡大していく。

日本の重電産業では東芝、三菱重工業と並ぶ御三家とされ、1974年には中国電力の島根原子力発電所で国産初の原子炉を建設した。通信分野ではNEC、富士通とともに「電電ファミリー」の一角を占め、交換機などの通信機器を製造しながら、コンピューター、半導体へと領域を広げている。

電力ファミリーと電電ファミリーの双方に属する日立だが、電力では「東電の正妻」と呼ばれる東芝の次、通信では「ＮＴＴの長男・次男」とされるＮＥＣ、富士通に次ぐ存在だ。白物家電、半導体、テレビ、パソコンなどあらゆる製品に手を伸ばしたが、主要分野でナンバーワンになった事業は一つもない。

それでも日立には独特のしぶとさがある。茨城県日立市に主力工場を置く日立は、愛知県豊田市を根城にするトヨタ自動車と同じように、首都・東京と距離を置く「野武士集団」だからだ。ＯＢが財界活動を繰り広げる東芝のような華やかさはない。

時に「田舎侍」と揶揄される日立は、永田町や霞が関を飛び回り、東電やＮＴＴの庇護にどっぷり浸《つ》かってきた東芝やＮＥＣに比べると「社会主義」に染まっていない。だから製造業史上最悪となる７８７３億円の赤字を計上して倒産寸前に追い込まれた２００９年３月期の後、自助努力で「身を切る改革」に踏み込めたのだ。

別の見方をすれば「ＧＮＰ企業」である日立が製造業史上最悪の巨額赤字を出した時点で、日本の総合電機の命運は尽きていたとも言える。電力と通信という競争のない「肥沃な市場」から得た利益を担保に、半導体、コンピューター、液晶パネルといった鉄火場で無謀な投資をしては負け続ける。「親からもらった小遣いで博打を打つ」という甘えの構造において、東芝、ＮＥＣ、日立は相似形だった。電力では東芝、通信ではＮＥＣの前に出られなかった「三男坊」の日立は、長兄たちを見返そうと、ムキになって博打に走った。それが戦後の日立の歴史である。

日立社長の「三条件」

長兄たちを追い越すために日立が力を入れたのはメーンフレーム（大型汎用コンピューター）と半導体だった。

日本のメーンフレームの歴史は１９６４年、日立が独自に開発した大型汎用電子計算機「ＨＩＴＡＣ５０２０」を嚆矢《こうし》とする。その後、富士通、ＮＥＣ、東芝、三菱電機、沖電気工業が参入し、国内メーカーは6社体制になった。ＩＢＭなど本家米国企業とは技術力に雲泥の差があったため、通商産業省は高い関税をかけて国産コンピューターを守ろうとした。しかしそうした抵抗も長くは続かない。

１９７２年、米国にコンピューターの輸入自由化を迫られた通商産業省は、6社の競争力を高めるため、2社ずつ三つのグループに分けて集中的に支援することにした。日立は富士通と組んでＩＢＭ互換機を、ＮＥＣと東芝はＩＢＭのライバルだった米ハネウェルと提携、三菱電機と沖電気のグループは「純国産」の開発を進めた。富士通と日立が組んで開発した「Ｍシリーズ」はＩＢＭを脅《おびや》かす存在になった。

だが3グループ体制が始まってから10年後の１９８２年、米国は思わぬ攻撃を仕掛けてきた。日立と三菱電機の社員がＦＢＩの囮《おとり》捜査に引っかかり、ＩＢＭの企業秘密を不正に入手した疑いで逮捕された。世に言う「ＩＢＭ産業スパイ事件」である。

刑事事件は１９８３年に司法取引で決着。ＩＢＭと日本メーカーは同年、日本メーカーがＩＢＭにソフトウエアなどの対価を支払う協定を結んだが、84年になるとＩＢＭは、今度は富士通を協定違反で訴え、88年に和解するまで法廷で争った。

時の日立社長、三田勝茂は日立を世界で戦える会社にしようと考えていた。いつまでも東電やＮＴＴの下請けをするだけでは、世界に打って出られない。世界で勝負するためにカネと人を注ぎ込んだのが、コンピューターと半導体のＤＲＡＭだった。

しかしこの「ＩＢＭ産業スパイ事件」を境に、攻撃的だった日立の経営はすっかり内向きになる。新規事業や海外に翼を広げる気概を失い、事なかれ主義が社内に蔓延し始めた。三田の後を受けた金井務《つとむ》の時代は、日本のバブル経済崩壊や、パソコンがメーンフレームに取って代わるダウンサイジングの嵐が吹き荒れ、日立はさらに身を縮めた。

三田、金井時代の日立が改革に背を向けている間に、総合電機の事業環境は劇的に変わった。１９８５年に自由化した通信市場では、90年代に入ると新規参入の新電電が力をつけ、電話料金の値下げ競争が本格化する。これに比例してＮＴＴの設備投資は激減していく。

電力も１９９５年に法人向けが自由化され、電力10社と新規参入組の競争が始まる。１

986年に起きたチェルノブイリ原発事故の後は、日本でも原発の新設がますます難しくなり、東京電力をはじめとする電力会社の設備投資も目に見えて減り始めた。

電力10社とNTTに寄りかかるだけでは、ジリ貧になる。日立が難局に差し掛かった1999年、社長に就任したのが庄山悦彦《しょうやまえつひこ》である。

それまで電力会社との関係を最重要とする日立の社長になるには、「東京大学工学部卒、重電畑出身、日立工場長経験者」が必須条件とされてきた。東工大卒で家電出身の庄山はそれらの条件を備えていない。しかし電力、NTTにぶら下がっていても未来は切り開けない。腹をくくった日立は、あえて傍流の人材をトップに据えたのだ。

ハードディスク事業の買収が裏目に

庄山は過去の日立社長とは異なり、饒舌だった。「見た目の若さも大切」と周囲にアドバイスされれば、ピンク色のワイシャツを着ることも厭わない。株主との対話を心がけ、ROE（自己資本利益率）を経営指標の中心に据えた。

しかし三田、金井時代に種まきを怠った当然の帰結として、R（リターン＝利益）を押し上げる分子の新規事業は育っていない。ROEを上げるには、分母のE（エクイティー＝自己資本）を減らすしかない。つまるところがリストラである。

手始めに1999年、NECと半導体メモリー（DRAM）事業を統合し「NEC日立メモリ」（後のエルピーダメモリ、現マイクロンメモリジャパン）を設立した。借金まみれのDRAM事業を本体から切り離したわけだ。

2002年には「日立産機システム」を設立して産業機械グループを分離。2003年にはロジック半導体で三菱電機との共同出資会社「ルネサステクノロジ」（後にNECのロジック半導体部門を統合しルネサスエレクトロニクス）を設立した。この時点で日立本体は事実上、半導体事業から手を引いたことになる。

2004年には携帯電話事業をカシオ計算機との共同出資会社に移管、2007年には小型モーターの子会社、日本サーボを日本電産に売却した。

証券アナリストの意見に耳を傾ける庄山を市場は「物分かりのいい社長」と歓迎し、メディアも「改革派」と持ち上げた。だが、不採算事業を切るだけでは、企業は成長しない。

日立を「重電の会社」から「ITの会社」に変貌させることを夢見た庄山社長の乾坤一擲は、2003年の米IBMハードディスク（HDD）事業買収である。インターネットの普及でパソコンやデータセンターに記録する情報の量は飛躍的に増え、記憶装置であるHDDの需要は急増すると予測されていた。

日立は買収に20億5000万ドル（約2000億円）、その後のリストラや設備投資を加えると総額4000億円をHDD事業に注いだ。しかしいくら頑張っても投資に見合うリターンを出すことはできず、2012年に売却した。

「すでにHDD事業に興味を失っていたIBMは、日立が買収する何年も前からこの事業にまともな投資をしておらず、技術も設備もライバルメーカーの周回遅れになっていた。『IT強化』『グローバル化』で焦っていた庄山さんは、IBMブランドに目が眩んで高値づかみをしてしまった」

日立関係者は9年間にわたる泥沼のHDD事業再建をこう振り返る。ボロボロのままでは買い手がつかない。安く売れば損が出るので、日立は膨大な人と金を注いでこの事業を立て直した。立て直した時点で、支える体力が尽き、2012年に米ウエスタンデジタルに売却——徒労という他ない。

消費者よりもライバルばかり見ていた

庄山時代にもう一つ、力を入れたのが薄型テレビの「Wooo《ウー》」である。液晶パネルのトップブランドであるシャープの「アクオス」、プラズマパネルのトップブランド、パナソニックの「ビエラ」に対抗すべく、日立はプラズマと液晶の両方を独自開発し、自前のパネル工場を建設した。

2007年末にはライバルに先駆け、最薄部の厚さが35ミリメートルの超薄型液晶テレビを発売。プラズマテレビも2009年には35ミリメートルの超薄型を発売した。しかし、シャープが日立より0・6ミリメートル薄い液晶テレビを発売し、「世界最薄」は名乗れなかった。海外では韓国、台湾メーカーとの価格競争に巻き込まれ、損益が悪化した。

当時、日本のテレビメーカーは筐体《きょうたい》を薄くし、画面を高精細にすることしか思いつかなかった。シャープ、ソニー、パナソニック、東芝、日立、三菱電機が目の色を変えて薄さを競ったが、各社が見ていたのはライバルの動向であり、消費者のニーズではなかった。社内の会議で評価されるためには「A社より薄い」ことが肝心であり、消費者を喜ばせることを忘れていた。

かつて世界市場を席巻したころの日本メーカーは、もっと真剣に消費者と向き合っていた。日立も然《しか》りである。

カラーテレビの本格的な普及が始まった1960年代後半、日立は「キドカラー」の愛称で呼ばれたブラウン管テレビで一世を風靡した。輝度の高い蛍光体材料をいち早く採用し、発色の良さが売り物だった。

当時はまだ珍しかったトランジスタを最初にテレビの部品に使ったのも日立である。真空管を使ったテレビは、電源を入れてから画面に映像が映し出されるまでに数十秒かかったが、トランジスタテレビはスイッチを入れた瞬間に映像が出る。画期的な商品だった。電源を「ポン」と入れれば映像が「パッ」と出るため、「ポンパ」の愛称で親しまれた。

薄型テレビの時代になっても、日立は技術で先行した。視野角が広くコントラストも高い「IPS」方式の液晶パネルを世界で初めて商品化。プラズマテレビでも独自開発した「アリス」方式のパネルは高画質が売り物で、2005年までは日立が国内でトップシェアを誇った。

しかし、2009年3月期に7873億円の巨額赤字を計上するまで3期連続で最終赤字に陥った日立の足を引っ張ったのは、皮肉にもこのテレビ事業だった。リーマン・ショックで消費が凍てついた北米市場で、旧型製品の在庫処分による損失が膨らんだ。「高スペックの製品は売れるはず」と思い込んでいたからだ。

「技術独善」の罠

日立創業者の小平浪平《おだいらなみへい》が国産初のモーターを完成させたのは1910年。以来、国産のモーターやコンプレッサーにおける信頼性で日立は圧倒的な強さを維持してきた。だからこそ、これらの部品を使った白物家電は「丈夫で壊れない」と信用された。メイド・イン・ジャパンの代名詞といってもいい。

だが自信はいつしか過信に変わった。日立は「技術の高い製品は売れるはずだ」という「技術独善」の罠に嵌り込んでいた。本来、営利を目的とするメーカーにとっては、売れる製品が良い製品であり、技術的に進んだ製品が良い製品というわけではない。だが国内電機メーカーの中で、博士号を持った技術者が最も多い高学歴集団の日立では、現在に至るまでそのことが理解されていない。「うちは技術があるのに、商売が下手で」と言う時の日立社員の顔には自尊心が滲んでいる。それではダメなのだ。

42型テレビ換算で年間240万枚のプラズマパネル生産能力を誇る宮崎工場の2008年の生産量は65万台まで落ち込み、同工場は2009年、昭和シェルソーラー（現ソーラーフロンティア）に売却した。

液晶パネル事業は官製ファンドの産業革新機構が2000億円を出資したジャパンディスプレイに統合され、2015年には「Wooo」の生産を終了。テレビ事業そのものからの全面的な撤退である。結局、半導体と同じ過ちを繰り返した。

繰り返すが、民間企業の立場で考えれば「良い製品が売れる」のではなく、「売れるのが良い製品」である。日立はまだ、それに気づいていない。2016年の冬に発売されたロボット掃除機の「ミニマル」を見れば、よくわかる。ロボット掃除機で先鞭をつけたのは米ベンチャー、アイロボット社の「ルンバ」である。円盤型の掃除機で、スイッチを入れると壁や障害物を避けながら、独りでクルクル掃除をしてくれる。

日立を始めとする日本の家電メーカーは最初「あんなオモチャ、売れるはずがない」とバカにしていた。ところが日本に上陸するなり、大ヒットである。

各社は慌てて追随する。パナソニックが発売したのは三角形の「ルーロ」。「丸より三角の方が部屋の隅まで掃除できる」という触れ込みだ。日立の「ミニマル」は円盤型だがルンバより一回り小さく「小回りがきく」のが特徴という。苦し紛れに目先を変えただけだ。

「白物家電は成熟分野」。日本の家電メーカーはそう言って、十年一日のごとく、代わり映えのしない掃除機や扇風機を作ってきた。そんな日本メーカーをあざ笑うかのように世界ではルンバや、英ダイソンの「羽根のない扇風機」や、韓国メーカーの「光でダニを取る布団掃除機」が大ヒットした。原発や通信機器を作る片手間で白物家電を作ってきた日本の総合家電が、いかに手抜きをしてきたかが分かるだろう。

日立「凶作の時代」

話を日立に戻そう。結局、庄山社長時代の7年間、日立の累計純損益は2000億円を超える赤字だった。事業売却や人員削減といった痛みを伴うリストラの後は、固定費削減でV字回復に持っていくのが経営の常道だ。庄山と同じ時期に日産自動車の社長に就任したカルロス・ゴーンは、「ゴーン・ショック」と呼ばれた激しいリストラの後、鮮やかに利益を回復させ、庄山と同じ7年間で累計2兆3000億円の純利益を叩き出した。将来を見据えた周到なリストラと、場当り的なリストラの違いである。

日立の社長の任期は10年が相場だったが、ほとんどの施策が失敗に終わった庄山は責任を取る形で2006年に社長を退く。米欧企業のCEOなら株主の利益を損なった責任を問われて取締役会で解任される場面だが、取締役会が機能しない日立では、庄山が自ら退任を決め、後任に古川一夫を選んだ。庄山は会長に昇格した。

庄山が古川を選んだ理由の一つは、古川が情報通信部門の出身だったからだ。庄山は日立を「重電の会社」に戻したくなかったのだ。もう一つの理由は古川が従順な性格だったことだ。庄山は、自分の言うことを聞く古川を社長に据えることで、実質的な院政を敷いた。この人事が日立にさらなる災いをもたらす。

古川が社長に就任してからわずか2ヵ月の2006年6月15日、中部電力の浜岡原子力発電所（静岡県御前崎市）で原子炉5号機が緊急停止した。日立が設計した5号機のタービンの巨大な羽根が折れたのだ。

その日のうちに日立に連絡が入る。4月に社長になったばかりの古川はどうしていいか分からない。今、東芝でメディカル機器出身の社長、綱川智が原発問題で当事者能力を持てないのと同様、情報通信畑の古川には原発のことがまったく分からなかった。

原子力発電は、原子炉内で沸騰した水が高温高圧の蒸気となってタービンを回す。超高速で回転するタービンの羽根は径が大きいほど発電効率が高い。新型の5号機は効率を上げるため、羽根を大きくしていた。後にスーパーコンピューターの解析で、金属疲労が原因と分かったが、当時は原因も分からない。そうこうするうちに、北陸電力の志賀原子力発電所（石川県志賀町）でも、日立が設計した2号機でタービンの羽根の損傷が判明した。

古川の社長としての最初の仕事は、社内での連日の対策会議と電力会社へのお詫び行脚だった。原発の安全神話にヒビを入れる事故だけに、電力会社による責任追及は容赦なかった。おまけに日立の開発現場もまた古川を素人と見下し「予見不能な事故。自分たちに責任はない」と突っぱねる。両者の板挟みですっかり参ってしまった古川は「回転するものがすべてタービンに見える」とこぼした。

最終的に、この事故は日立の設計ミスであると結論づけられ、浜岡と志賀の両原発の補修費用は総額で300億円以上。その全額を日立が負担することになり、2007年3月期に特別損失として計上している。

庄山・古川が社長を務めた10年間は、日立にとって凶作の時代だった。電力自由化を境に、東電を始めとする電力各社の設備投資が減り続けた結果、重電部門の利益率が低下した。そこで日立は半導体、コンピューター、液晶パネルなどのＩＴ分野に成長を託した。だが迅速な決断力が求められるこれらの分野では、変わらないことが良しとされる重電部門出身者はなかなか対応できない。

そこで家電などを担当し、株式市場との対話が得意な庄山が登場した。庄山はマーケットの求めに応じてプラズマテレビやハードディスクに大型投資を敢行したが、鈍重な日立のカルチャーまでは変えられず、赤字を垂れ流した。

庄山の後を継いだ古川も院政下で原発事故の対応に忙殺され、社長の役割をほとんど果たせなかった。

日立は２００９年３月期に製造業最悪の７８７３億円の赤字を出したが、それまでの10年間で赤字は４度目。累計すれば１兆円近い損を出した。凶作が続きＧＮＰ企業は沈没寸前まで追い込まれた。

「総合電機の看板を降ろす」

２００９年３月、日立は庄山会長が取締役会議長に、古川社長が副会長にそれぞれ退き、子会社である日立プラントテクノロジーと日立マクセルの会長を兼務していた川村隆が会長兼社長に就任するという大胆な人事を発表した。古川は就任から３年に満たないが、心神耗弱《こうじゃく》によって社長業に耐えられなくなっていた。

川村社長の誕生は、日本のサラリーマン社会では通常「上がり」とされる子会社のトップに退いたOBが、再び親会社のトップに返り咲くという、異例中の異例の人事だった。「川村って誰だ」「日立はそこまで人材が枯渇していたのか」。虚をつかれた報道陣は蜂の巣をつついたような騒ぎになった。

しかし川村の経歴を読めば謎は解ける。川村はもともと日立の保守本流である。川村は前述した「東大工学部卒、重電畑出身、日立工場長経験者」の条件を満たしている。庄山の前任者である金井務、その前の三田勝茂と同じキャリアだ。

川村は捨て身で社長を引き受け、「米系ファンドが買収か」とまで言われた日立を立て直した。未曾有の危機を切り抜けた川村の胆力は評価に値する。だが冷静に振り返れば、川村のキャリアと同様、日立は先祖返りをしただけだった。新規事業分野でことごとく失敗し、社会インフラ事業という伝統部門に回帰する——これは、半導体やパソコンで失敗したNECがNTTの懐に舞い戻ったのと同じ構図である。

「総合電機の看板を降ろす」

川村はこう宣言し、庄山時代に広げた事業のウイングを急速にたたんでいった。社会インフラ事業へ投資を集中する一方、浮き沈みの激しいテレビのような家電分野は徹底して縮小した。

さらに日立マクセルなど上場子会社5社を完全子会社化した。これはパナソニック電工や三洋電機を取り込むことで延命したパナソニックと同じ戦略である。日立単体の主要取引先は電力、通信、ガスといった旧態依然の企業が並ぶが、連結ベースで見れば自動車、ITなどが上位に並ぶ。子会社が開拓してきた市場を飲み込んで空腹を満たしたわけだ。

もちろんグループ間で重複する事業の整理・集約は欠かせない。庄山から社長就任を打診された時、川村が全権を掌握する「会長兼社長」のポジションを求めたのは、抵抗勢力をねじ伏せるためだった。

案の定、子会社の会長や役員は日立OBが務めるケースも多く、OBからは吸収合併に反対の声が上がった。だが、会長兼社長になって全権を掌握した69歳の川村は後輩たちを「存亡の危機だから」と説き伏せた。

こうしてわずか1年でリストラの目処をつけた川村は2010年、中西宏明に社長を譲る。中西は庄山が肝いりで買収したIBMのHDD事業など、不採算部門を次々と売却し、液晶パネルからも撤退した。その結果、2011年3月期には過去最高益を更新した。手腕を買われた川村は2017年6月、東電会長に就任する予定だ。

しかし、これはあくまで「止血」の結果であり、このままの状態ではジリ貧が続く。燃料ボンベを放り出した気球は、墜落しかないのだ。そのことは中西も理解しているだろう。

「日立＋三菱重工業統合」の可能性は

２０１１年8月4日、日本経済新聞朝刊の一面トップに巨大な見出しが躍った。

〈日立・三菱重工　統合へ　13年春に新会社　世界受注へ巨大連合――きょう発表〉

日本のヘビー・インダストリーを代表する2社が経営統合し、売上高13兆円の巨大製造企業が誕生するというのである。だが、結果的にこの記事は誤報になった。日経が「きょう発表」と書いた8月4日には、両社が否定コメントを出しただけで統合の発表はなく、２０１７年春の時点でも統合は実現していない。

だが火のないところに煙は立たない。少なくとも日立サイドは事業統合に前向きだったのである。

福島第一原子力発電所の事故で電力会社は7・9兆円という途方もない賠償責任を負った。原発の安全神話は崩壊し、国内での新規建設は絶望的。既存の原発もいつ再稼働できるか分からない。将来的に、原発事業を日立単独で維持するのは難しい。この段階で川村会長―中西社長のラインは「原子炉3社（日立、東芝、三菱重工）の事業統合もありうべし」と考えていた節がある。

原発事業は統合に向かうとして、日立本体はどうなるか。世界を見渡せば二酸化炭素を撒き散らす火力発電は、成長分野とは言い難い。ソフトバンクやKDDIとの競争に追われるNTTが設備投資を積み増す見込みもないので通信機器も厳しい。白物家電が復活する気配もない。

東電とNTTにぶら下がれないなら、海外に活路を見出すしかないが、日立でグローバルに通用するのは鉄道事業くらいのものだ。東電、NTTに甘えてきたツケである。だから日立は三菱重工との統合に賭けようとした。

「三菱重工との経営統合」が報じられた時、日立側には「統合で日本を代表するインフラ企業になり、国のバックアップを受けて海外の電力、通信市場に打って出る」という構想があった。

しかし三菱重工側にそこまでの危機感はない。現役の佃和夫会長や大宮英明社長（いずれも当時）は10年先を考えて日立の提案に乗ったが、目先のメンツにこだわるOBが黙っていなかった。相川賢太郎、西岡喬といった歴代の社長経験者が「スリーダイヤの灯を消すつもりか」と猛反発し、全面的な経営統合は見送られた――これが真相である。

おそらく両社はまだ、統合を諦めていない。2014年、日立と三菱重工は火力発電設備事業を統合した。新会社は65％を出資する三菱重工が主導権を握り、日立から見れば関連会社となる。日立が一歩引いたのは「将来の経営統合を見据えた配慮」との見方もできる。

２０１６年末には原子炉事業の３社の統合が表面化した。東芝が存亡の危機に追い込まれたため、今はそれどころではないが「まずは燃料事業を統合し、将来的には原子炉事業の統合に踏み切るのではないか」と指摘する専門家は多い。一方で白物家電子会社の「日立アプライアンス売却」の噂も絶えない。

火力、原子力事業を切り離し、白物家電を売却した後、日立はどこに活路を見出すのか。ＧＮＰ企業の不確かな未来は、日本の不安を象徴している。

7 三菱電機

実は構造改革の優等生？

「逃げながら」「歩み続ける」経営力

純利益で国内1位の電機メーカーは……

壊滅に向かう日本の電機産業の中で、最もしぶとく利益を出している会社はどこか。川村改革で負の遺産を一掃した日立製作所でも、津賀改革で車載と住宅に事業ドメインを絞り込んだパナソニックでもない。三菱電機だ。

日本の金融・電力を除く3月期企業を対象にした、2016年3月期決算の純利益ランキングを見てみよう。

首位は2兆3126億円と圧倒的な利益を叩き出したトヨタ自動車。2位のNTT（7377億円）、3位のNTTドコモ（5483億円）を足しても、トヨタの半分にしかならない。まさに時代は「トヨタ一強」である。

以下、4位日産自動車（5238億円）、5位KDDI（4944億円）、6位ソフトバンク（4741億円）、7位富士重工業（4366億円）と自動車、通信が続き、8位に日本郵政（4259億円）が入る。9位はホンダ（3445億円）、10位、11位はJR東海（3374億円）、JR東日本（2453億円）が並ぶ。電機大手はベスト10に1社も入っていない。これも電機産業の凋落を示すデータの一つだろう。

電機メーカーが初めて顔を出すのは14位。総合電機の中で「最も地味」とされる三菱電機だ。2016年3月期の純利益は2284億円で、1932億円のパナソニック（17位）、1721億円の日立製作所（20位）より上位にランクインしている。

ちなみに2016年3月期で最終損益の赤字が最も大きかった会社は東芝（▲4600億円）、2位が原油安の直撃を受けた石油元売りのJX（▲2785億円）、3位がシャープ（▲2559億円）、6位が東芝テック（▲1054億円）。このデータもまた、電機産業の衰退を示している。

三菱電機の2016年3月期の連結決算（米国会計基準）純利益は前の期に比べ3％減だった。重電システムの採算悪化が減益の要因。重電システムの営業利益は30％近くも減っているが、それでも最終黒字を確保できたのは北米や欧州で自動車関連の機器が伸びたからだ。

「逃げるが勝ち」戦略

〈構造改革の優等生〉

三菱電機の強さを一言で言い表すとこうなる。構造改革とは、「勝てない事業から撤退し、勝てる分野にヒト・モノ・カネを集中すること」だ。当たり前の経営だが、三菱電機以外の電機大手はどこも、その「当たり前」ができなかった。

三菱電機はとにかく逃げ足が速い。2002年には半導体のシステムLSI事業をルネサステクノロジ（現ルネサスエレクトロニクス）に、DRAM事業をエルピーダメモリに譲渡することを決めた。「逃げるが勝ち」の決断を下したのは、この年の4月に社長に就任した野間口《のまくち》有《たもつ》である。

野間口の後に社長になった下村節宏《せつひろ》は2008年に携帯電話事業からの撤退を決め、洗濯機事業もやめた。半導体から洗濯機まで、売上高にして6000億円強の事業を捨てたことになる。その後も米国のリアプロジェクションテレビ事業、プロジェクター事業、液晶モニター事業、銅合金事業から撤退した。

世界の企業が巨額の開発・設備投資を競い合うレッドオーシャン（過当競争で利益を生みにくい市場）となった携帯電話機や半導体のようなデジタル分野から逃げ出し、ブルーオーシャン（競争相手が少なく利益を生みやすい市場）のファクトリーオートメーション（FA＝工場の生産工程の自動化）や昇降機に経営資源を集中させた。この結果、2003年3月期から2007年3月期まで5期連続の連結営業増益を達成。財務が健全だったため、リーマン・ショックの影響も最小限に食い止めた。

三菱グループで「電力ファミリー」に属するのは三菱重工業。三菱電機も電力システムは手がけるが、重電関連の売上高は全体の25％に過ぎない。通信機器も作っているが、N

EC、富士通、日立製作所の御三家に比べると規模が小さく、「電電ファミリー」とも呼びにくい。

1921年に三菱造船（現三菱重工業）の電機部門を母体として発足した三菱電機は三菱グループの中でも、三菱自動車と同じ分家扱いだ。電力ファミリーでも末席というシビアな状況が「勝てる市場で生きていく」というしたたかさを育《はぐく》んだ。

本来、企業にはこの種の「生存本能」が備わっているはずだが、総合電機の大半は、東電やNTTに庇護されて、その本能を喪失してしまった。

韓国・台湾メーカーを支える技術

三菱電機は半導体、液晶パネルといったデジタル分野での消耗戦を避ける一方、自分たちが勝てるFAの土俵で着実に勝ちを重ねていった。2016年3月期の連結営業利益約3000億円のうち過半の約1600億円をFAで稼ぎ出した。

三菱電機は独シーメンス、米ロックウェルと並び、「シーケンサー」に代表される制御機器や通信ネットワークで事実上の業界標準を握る「世界3大FAメーカー」の一つに数えられる。

シーケンサーとはスイッチやセンサーから入った信号に従って出力回路を制御する機械

で、自動化が進む現代の工場に欠かせない装置だ。日本の総合電機は半導体や液晶パネルで韓国、台湾勢に惨敗したが、その韓国、台湾メーカーの現場を支えているのが三菱電機のシーケンサーなのである。三菱は国内シーケンサー市場では6割近いシェアを誇る。ちなみに「シーケンサ」という言葉は三菱の商品名である。

このほか金属加工に欠かせない放電加工機では国内首位、レーザー加工機では国内2位のシェアを持つ。加工機の頭脳である数値制御装置（CNC）も国内でトップ争いを繰り広げている。放電加工機のライバルはソディック、レーザー加工機のライバルはアマダ。いずれも機械メーカーで電機メーカーではない。

FA以外では「欧州向けのエアコン」や「中国のエアコンメーカー向けパワー半導体」など、ニッチなところでコツコツ稼いでいる。

たゆまざる　歩みおそろし

周囲から「地味」と言われても決して背伸びをしないのが三菱電機の特徴だ。2016年9月末の段階で、同社の現預金から有利子負債を引いたネットキャッシュは2144億円。過去2番目の高さまで達した。

2015年12月にイタリアの業務用空調メーカーのデルクリマ（現メルコ ハイドロニクス

アンド アイティークーリング）を約９００億円で買収したことで１２００億円程度に減ったが、わずか9ヵ月で元の水準に戻した。

三菱電機にとってはこのデルクリマが過去最高のＭ＆Ａ。財務健全性を示す「総資産に対する有利子負債」の比率は10％を切る。キャッシュ・リッチすぎて投資ファンドに狙われそうだが、電力ファミリーでも電電ファミリーでもない会社がグローバル競争の荒波を乗り越えるには、この程度の蓄えが必要かもしれない。

ただし、電機メーカーとしては優良に見える7％という売上高営業利益率も、30％超を叩き出すファナックやキーエンスといった高収益の機械メーカーに比べると見劣りする。研究開発、設備投資、Ｍ＆Ａなどでもう少し手元資金を有効に使わないと、株主に「経営の怠慢」を指摘されるかもしれない。

また、長く成長が続いた中国のＦＡ市場の需要が一巡したのも懸念材料の一つ。過去10年でようやく31％から42・6％に高めた売上高海外比率が再び下がりかねない状況にあるのだ。中国に代わる新たな成長市場の開拓が急務のはずだが、今のところ同社に慌てるそぶりはない。急がないことが社風になっているからだ。

〈たゆまざる　歩みおそろし　かたつむり〉

２００6年4月に社長に就任した下村節宏は、長崎の平和祈念像で知られる彫刻家・北村西望の句を引用し「地道な努力を重ねることの大切さ」を説いた。それから10年、デジタル家電というレッドオーシャンで絶望的な戦いを続ける東芝やシャープを尻目に、三菱電機はそろりそろりと前進し続けた。

現社長の柵山《さくやま》正樹は「2020年度までに売上高5兆円、営業利益率8%」という目標を2014年に掲げ、2015年3月期には7期ぶりの最高益更新を達成している。

三菱電機の株式時価総額は2017年1月13日時点で約3兆5000億円。約3兆1000億円の日立製作所、約2兆9000億円のパナソニックを抑え、約4兆4000億円のソニーに次ぐ電機大手の2位につけている。派手さはないが気がつけば、電機大手で利益首位、株式時価総額は2位。弛《たゆ》まざることの強さだろう。

生き残るために必要なこと

「勝てるところで勝つ」を実践してきたのは、三菱電機だけではない。欧州の電機大手も同じ戦略でサバイバルしている。

1980年代、半導体のDRAMなどで日本に惨敗した独シーメンスは、99年に半導体事業を分離、2005年には携帯電話端末事業も売却した。2007年には通信事業者向けの通信機器事業を切り離し、事業領域を発電システムや鉄道、医療機器などに絞り込んだ。２０１１年には原発事業からの撤退も決めている。

デジタル家電や原発というレッドオーシャンから「逃げる」代わりに、シーメンスは幾つかのブルーオーシャンに投資をした。

その一つが医療機器だ。２０１８年に「世界で50兆円市場」に膨らむとされる医療機器の分野でシーメンスは、オランダのフィリップス、英ＧＥヘルスケアと並ぶ３強を形成している。ＦＡでも三菱電機、米ロックウェルと並んで世界３強の地位にある。

シーメンスの２０１６年９月期通期決算は、純利益が55億８４００万ユーロ（約６４２０億円）で、日本の電機大手の上位３社、三菱電機、パナソニック、日立製作所の２０１６年３月期の純利益の合計（５９３７億円）を上回る。選択と集中のお手本だ。

シーメンスは近く医療機器を中心とするヘルスケア部門を分離上場させる方針だ。再び市場から資本をかき集め、巨額の投資を敢行するのが目的と見られる。ヘルスケアの分野で３強から頭一つ抜け出すつもりだろう。原発事業で出した巨額損失の穴埋めにメディカル事業を売却した東芝との、経営力の差は歴然である。

フィリップスも２００６年には半導体と携帯電話端末、２００８年には液晶パネルの事業を売却。医療機器と照明機器に絞り込み、現在は照明事業の分離に動いている。

２０１１年まで世界の携帯電話市場で首位だったフィンランドのノキアは、２０１４年にその携帯電話端末事業を米マイクロソフトに売却したが、2016年には仏米合弁の通信インフラ大手、アルカテル・ルーセントを約2兆円で買収。世界最大の通信インフラ企業になった。

デジタル分野での消耗戦を避け、得意のFAに資源を集中した三菱電機の経営は見事だが、世界を見渡せばそれが「当たり前の経営」であることに気づく。根拠のない楽観とつまらぬ意地でレッドオーシャンを突き進み、経営を破綻させた東芝やシャープが異常なのだ。

日本の総合電機で唯一、当たり前の経営を実践した三菱電機は、その結果として「機械メーカー」に変身した。やはり日本の「総合電機」は「壊滅」したのである。

8 富士通

コンピューターの雄も今は昔

進取の気性を失い、既得権にしがみつく

人類の技術進歩が爆発的に加速する特異点、「シンギュラリティー」が近いという。進歩の根幹をなすのはビッグデータを扱うクラウドコンピューティングやＡＩやＩｏＴであり、そのインターフェースとして我々の生活に入ってくるのが、ロボットやドローンや自動運転車である。

米国ではグーグル、アマゾン・ドット・コム、フェイスブックといったネット企業やＩＢＭ、マイクロソフトなどのＩＴ大手、そして無数のベンチャー企業が新市場を目指して猛然と走っている。シリコンバレーを中心に、インターネットが登場した時と同じか、それ以上のユーフォリアが生まれている。

目下、日本のＩＴ、ネット産業における最大の問題は、先行する米国勢を追撃する企業がないことだ。グーグルに向かってファイティングポーズをとる会社は皆無であり、楽天もアマゾンから国内市場を守るのが精一杯。世界市場では勝負になっていない。

インターネットが普及する前の１９９０年代までは、日本企業も米国勢と張り合ってきた。特にコンピューター市場の先頭を走る富士通は、ＩＢＭの一挙手一投足に目を光らせ、密着マークを続けてきた。

コンピューターの天才

富士通の歴史を語るときに忘れてはならない一人のエンジニアがいる。池田敏雄。「コンピューターの天才」と呼ばれた男だ。東京工業大学を卒業した池田は終戦直後の1946年、富士通の前身である富士通信機製造に入社する。

当時、GHQは占領政策を円滑に進めるため、日本電信電話公社に通信網の整備を急がせており、電電公社は富士通信機製造にも電話機を発注した。だが同社が作った電話機はダイヤルに不具合があり、うまく作動しない。社内が騒然とする中、不具合の原因を瞬時に解析したのが新人の池田だった。

「ダイヤル事件」をきっかけに社内で一目置かれる存在になった池田は、「定時出社に及ばず」という特権を獲得する。池田は子供のときから、一つのことに没頭すると寝食を忘れるタイプであり、社会人になってからも、一度着想を得ると何日も自宅の部屋にこもって出社しない。

このころの富士通は日給制で、出社しないと給料は出ない仕組みだったので、自宅で想を練っている限り無給である。さすがの池田も悲鳴をあげ、見兼ねた上司の小林大祐《たいゆう》(後の富士通社長)は、池田のためだけに固定給制を作った。

「コンピューターの時代」が到来することを予感していた小林は「池田の才能があればIBMに勝てる」と踏んだ。小林にコンピューターの開発を命じられた池田は、すぐその魅力に取り憑かれ、鬼気迫る形相で開発に没頭した。

しかし第二次世界大戦の頃からコンピューターを駆使していた米国に、焼け野原から立ち上がったばかりの日本が真正面から挑んでも勝てる道理はない。富士通社内では「中小型のコンピューターを主軸とし、大型汎用機の巨人、米ＩＢＭとの競合は避けるべきだ」という意見が大半だった。

しかし池田は「ＩＢＭから売り上げの10％を奪えば、十分利益が出る」と真っ向勝負を望んだ。宇部興産から富士通に転じた当時社長の岡田完二郎は、池田の才能に賭けた。

社運を賭けた大型コンピューターの開発が始まっても、電算機課長の池田は相変わらず会社に来ない。課長代理として池田を支えたのが、これまた後に富士通社長となる山本卓眞だ。「気が狂うのではないか」と思うほど、天才・池田に振り回された山本は、後にこう述懐している。

「相当変わっているけれど、普通の人に出ない知恵を出す。そういう人たちを日本の社会にどう生かすか。そういう時代がきたのだと思う」

後日談になるが、富士通の社長になった山本は、パソコン・ベンチャーの旗手、アスキーの西和彦を可愛がった。山本から見れば西もまた「相当変わった」男だった。

山本が率いる富士通や、パソコンのトップメーカーであるＮＥＣは、アスキーを通じて米マイクロソフトのパソコンＯＳ「ＭＳ－ＤＯＳ」を採用した。山本や、ＮＥＣ社長（当時）の関本忠弘は、西やビル・ゲイツの話に素直に耳を傾けた。

押しも押されもせぬ大企業のトップが、海のものとも山のものとも知れぬベンチャー経営者たちの才能と野心を愛した時代だ。マイクロソフトの創業者、ビル・ゲイツは日本での実績を武器にして巨人ＩＢＭに売り込みをかけ、ついに同社にＭＳ－ＤＯＳを採用させる。ＭＳ－ＤＯＳがパソコンのデファクトスタンダードになったのは、富士通やＮＥＣの後押しがあったからとも言える。

富士通を本気で潰しにきたＩＢＭ

話をメーンフレームの黎明期に戻す。岡田完二郎の期待に応えた池田敏雄は、リレー式コンピューターやＩＣ（集積回路）搭載のコンピューターなどを次々と開発し、ＩＢＭと互角の戦いを繰り広げた。

国内のコンピューター市場で首位に立った富士通は、世界でＩＢＭと戦うため、ＩＢＭが持つ膨大なソフト資産を活用する「ＩＢＭ互換」の戦略を展開する。ＩＢＭとは異なる設計でＩＢＭ向けのソフトが使えるコンピューターを作るというものだ。

そのために池田は、開発路線の対立でＩＢＭを飛び出した天才技術者、ジーン・アムダールに接近する。アムダールはＩＢＭの旗艦機種「システム３６０」開発の中心人物である。日米、二人の天才の手によってＩＢＭ互換の超大型機「Ｍシリーズ」が誕生した。このＭシリーズを引っさげて、富士通は世界のコンピューター市場に打って出た。

獅子奮迅の池田の働きで、富士通は海外市場を破竹の勢いで勝ち進んだが、そんな矢先、池田は羽田空港で倒れ、この世を去る。１９７４年、享年51の早すぎる死だった。

８年後の１９８２年、日立製作所と三菱電機の社員が米国で逮捕された。容疑はＩＢＭの機密を盗んだ「産業スパイ行為」。世に言う「ＩＢＭ産業スパイ事件」である。

ＦＢＩの囮捜査に引っかかったのは日立と三菱電機の社員だったが、ＩＢＭの真の狙いは富士通だった。ＩＢＭは著作権法違反で富士通を訴える準備をしていたが、これを察知した富士通は極秘裏にＩＢＭと交渉し、秘密協定を結ぶ。ところが１９８４年、ＩＢＭは「富士通が協定に違反した」として巨額の違約金を求めたのである。

当時、富士通の社長は山本卓眞。その下でＩＢＭと交渉に当たったのが鳴戸《なると》道郎《みちお》だ。紛争は最終決着まで15年の歳月を要し、後に鳴戸は「ＩＢＭは本気で富士通を潰しにきた」と語っている。山本は「徹底抗戦」を決意し「15年間で１０００億円を超えた」（鳴戸）という巨額の訴訟費用をかけて法廷闘争を戦い抜いた。文字通り「死ぬか生きるか」の戦いだった。

半導体や大型汎用コンピューター——当時、最先端の技術で日本に追いつかれた米国は官民を挙げた「日本叩き」を開始した。半導体やスーパーコンピューターで貿易紛争を仕掛け、日米半導体協定などで日本メーカーの手足を縛った。

1991年には米半導体大手のテキサス・インスツルメンツ（TI）がキルビー特許に基づき富士通などに巨額の特許使用料支払いを求めてきた。キルビー特許とは、もともと1959年にTIが出願したもので、日本のメーカーは「すでに特許切れ」だと思い込んでいた。しかしTIは日本の特許法の網の目をかいくぐり、30年以上の時を経て日本の半導体メーカーに特許紛争を仕掛けたのだ。

IBMとの戦いで知財紛争の経験を積んだ富士通は、ここでも「徹底抗戦」を決め、長い法廷闘争の末に勝訴する。最高裁まで続いた裁判は「金と名誉の戦い」と呼ばれた。この間、富士通は英国の名門コンピューターメーカー、ICLを買収するなど、事業面でも攻勢を続けた。世界で初めてCD－ROMドライブを搭載したパソコン「FM TOWNS」で大ヒットを飛ばすなど、製品開発でも輝きを放った。経営では年功序列が当たり前だった日本の賃金制度の中で、いち早く「成果主義」を採り入れたことでも話題を呼んだ。まさに富士通の絶頂期だった。

ダウンサイジングという大波

1935年、独シーメンスと古河電気工業の重電合弁会社である富士電機製造（現富士電機）の電話部門を分離して誕生したのが富士通信機製造（現富士通）である。

NTTを顧客とする「電電ファミリー」の一員だが、前述のとおり、稀代の天才技術者である池田を擁してコンピューターに主軸を置いたため、NECや日立に比べるとNTTとの結びつきは弱い。NTTや東電に頼らず、独力でIBMのような世界の強豪と戦ってきたのが富士通の歴史である。

だが1990年代に入ると、宿敵のIBMが迷走を始める。コンピューターの主役がメーンフレーム（大型汎用機）から、パソコンやサーバーに移る「ダウンサイジング」の流れに押し流され、瀕死の状態に陥った。戦後、一貫してIBMの背中を追ってきた富士通もまた、ダウンサイジングの流れに乗れず、失速した。

IBMは1993年、クレジットカードのアメリカン・エキスプレスや食品大手・RJRナビスコのCEOを歴任したプロ経営者、ルイス・ガースナーをCEOに招き、ドラスティックなリストラを開始する。コンピューターの専門家ではないガースナーは「顧客はコンピューターを欲しがっているのではなく、コンピューターを使ってビジネス上の問題を解決したがっているのだ」と説き、ハードウエア中心の「箱売り」をやめさせた。

「何に困っているかを聞き出してこい」と営業マンの尻を叩き、必要とあればＩＢＭ製以外のハードも使って問題解決のためのシステムを構築させた。「IBM Means Service（ＩＢＭはサービス会社です）」のスローガンを掲げ、「ビッグ・ブルー」と呼ばれていた頃の尊大さを戒めた。

この間、世界で40万人を超えていたＩＢＭの従業員数は20万人台まで減少。大型汎用機を作ったり、売ったりすることしかできない米国のホワイトカラーが集中的にリストラされた。ＩＢＭは「コンピューターメーカー」から問題解決型の「コンサルティング会社」に変身することで、ダウンサイジングの荒波を乗り越えたのである。

ガースナー改革によってＩＢＭは息を吹き返し、従業員数は再び40万人に近づくが、増えたのは中国、インドほか、成長市場の社員であり、米国内の雇用が元に戻ることはなかった。サービス会社への転身に合わせ、２００４年にはパソコン事業を中国のレノボ・グループに売却している。

院政と内紛

ＩＢＭが全身の血を入れ替えるような苛酷なリストラに挑んでいる時、日本のコンピューターメーカーは何をしていたか。官公庁や地方自治体、メガバンクといった保守的な顧客のコスト意識の低さに甘え、メーンフレームを売り続けた。

既得権にしがみついた富士通、日立、ＮＥＣは、揃ってダウンサイジングの波に乗り遅れた。

顧客に言われたシステムを人海戦術で構築する「ＩＴゼネコン」の体質からも脱皮できなかった。今もって仕事の大半は、システム構築に貼り付けたエンジニアの人数と工期の掛け算で対価を受け取る「人月型」である。顧客の問題を解決して対価を得るコンサルティング会社への転身は未だ実現していない。ＩＢＭの背中を見失ってしまったのである。

富士通は、ダウンサイジングの激動期、経営者にも恵まれなかった。関澤義《ただし》（１９９０～１９９８年）、秋草直之（１９９８～２００３年）が社長を務めた13年間を、無為に過ごした。

経済誌のインタビューで「業績が悪いのは従業員が働かないから」と発言して物議を醸した秋草は、電電公社総裁、秋草篤二の息子である。最大顧客のトップの子息を社長にするという、前近代的な人事だ。秋草は業績悪化の責任を取る形で２００３年に社長を退任したが、その後も２０１０年まで会長、相談役としてとどまり、院政を敷いた。

秋草は会長時代、自分の息がかかった黒川博昭と野副州旦《のぞえくにあき》を社長に据えた。しかし自分で選んだにもかかわらず、二人が自分の意思で改革に踏み出そうとすると、その都度、外野からブレーキをかけ、軋轢《あつれき》を生んだ。

野副はIBMとの特許紛争で鳴戸の部下として実務を取り仕切り、獅子奮迅の働きをしたことで知られる人物だ。清濁併せ呑み裏で組織を支える黒子タイプ。本来、社長になるタイプではない。一方で野副は会社の患部がどこかはよく知っており、社長に就任すると矢継ぎ早に構造改革を進めた。

ところが異色の社長は1年3ヵ月で辞任に追い込まれる。当初、富士通は「病気療養のため」としていたが、野副が会社に「辞任取消通知書」を送ったことで内紛が発覚する。野副は秋草らに「反社会勢力と関わりのある投資ファンドと親密な関係にある」という理由で解任されていたのだ。

野副は法廷で「当該ファンドとは二度会食しただけであり、反社会勢力と繋がりがあるとは知らなかった」と反論したが、解任を取り消すことはできなかった。秋草が鬼籍に入った今、真相は闇の中だが、池田敏雄の時代に日本のコンピューター産業の先頭を走った富士通が、社内の権力闘争に汲々とするつまらない会社になってしまったことだけは確かだ。

切り売りし続けたその後は？

富士通が内輪揉めに明け暮れている間に、コンピューター市場はさらなる進化を遂げた。インターネットが普及し、クラウドコンピューティングが登場した。

かつてＩＢＭが得意としたメーンフレームは、パソコンを組み合わせた「クライアント・サーバー」と呼ばれる簡易なシステムに置き換えられたが、クラウドコンピューティングではサーバーすら不要。サービス会社のデータセンターに手持ちのパソコンを繫ぐだけで必要なデータ処理がすべてできてしまうのだ。

富士通もデータセンターを建設してクラウドに対応しようとしたが、巨大なデータセンターで世界をカバーするグーグル、アマゾン、マイクロソフト、ＩＢＭの「クラウド・ビッグ４」にはまったく太刀打ちできていない。日本の大企業もビッグ４に乗り換えつつあり、富士通のシステム構築事業は今や風前の灯。クラウド時代を生き延びる道筋は見えていない。

富士通の２０１７年３月期の連結売上高は４兆５０００億円前後になる見通しで、リーマン・ショック前の２００８年３月期（約5兆３３００億円）に比べ８０００億円ほど目減りする。カーナビゲーションを手がける富士通テン（売上高、約３６００億円）の持株の大半はデンソーに売却し、17年３月期にも連結子会社から外れる見込みだ。

それ以外にもニフティの個人向けインターネット接続事業（売上高４７０億円）はノジマに売却、東芝、ＶＡＩＯとの３社統合に失敗したパソコン事業（売上高４０００億円程度）は、中国のレノボ・グループに売却する方向で協議中である。

事業の切り売りで固定費を下げたため、2018年3月期の営業利益はリーマン・ショック前の水準である2000億円前後に回復する見込みだが、その先が見えない。2017年3月期には欧州で最大3300人の人員削減を実施した。

「既得権にしがみつく」道を選んだ

クラウドコンピューティングの脅威は目の前に迫っている。MM総研（東京都港区）によると、2016年度の国内サーバー出荷金額は前年度比6・7％減の2416億円と、7年ぶりに減少する。台数ベースではすでに2014年度から下落が続いている。

保守的な日本の大企業も、ようやくクラウドコンピューティングのメリットに気づき、自社でサーバーを減らしている。クラウド・ビッグ4の中でも特に強力なのはアマゾン傘下の米アマゾン・ウェブ・サービス（AWS）だ。AWSは世界10ヵ所以上に巨大データセンターを持ち、数十万台のサーバーを運用している。

かつてはコンピューターメーカーのサーバーを購入していたが、今やAWSはサーバーも自作する。富士通のようなメーカーからは購入しないのだ。AWSにシステム構築の顧客企業を奪われた富士通は、AWSにサーバーを売ることすらできなくなった。

グーグル、IBMはクラウドの後ろにAIをつけている。利用者からみれば格安のコンピューティング・サービスに敏腕コンサルタントが付いてくる感覚だ。富士通をはじめとする日本のIT企業が提供するクラウド・サービスは、価格、サービス、カバーエリアのすべてでビッグ4に見劣りする。

世界はシンギュラリティーに向かって突き進んでいる。米国のネット企業やIT企業はAIやIoTに桁違いの投資を続けている。

米調査会社のIDCによると、AI関連の世界の市場規模は2020年までに470億ドル（約5兆円）に拡大する。グーグルやIBMはこの分野に毎年、数千億円の研究開発費を投じている。

富士通のAI向けコンピューター開発の投資規模は、2016年度から2018年度までの3年間に最大1000億円。日立製作所も3年間で1000億円。グーグルやIBMとは文字どおり桁が違う。追いかける方がこれでは、差は開く一方だ。

富士通は2017年1月、IoTを活用したい企業を支援する新組織を設立し、19年度までに3000人体制にする。だがインド、中国、ロシアなどからトップクラスの頭脳をかき集めるグーグルやアマゾンに対抗できるとは思えない。優秀なエンジニアを輩出することで知られるインド工科大学（IIT）にはグーグルやアマゾンの採用担当者が張り付き、どうしても欲しい学生には2000万円を超える年俸を提示する。引っ張りだこのインドの学生が、年俸５００万円以下の日本のＩＴ企業を選ぶ道理はない。

富士通が将来を託すべきは、インターネット接続のニフティやカーナビゲーションの富士通テンだった。これらの子会社は、インターネットやＩｏＴに近く、「化ける」可能性を持っていた。しかし富士通は成長事業を切り売りし、既得権にしがみついて延命する道を選んだ。

池田敏雄が切り開いた日本のコンピューター産業の灯は、変化の波に飲み込まれ、今まさに消えようとしている。

おわりに

お気付きの方もいると思うが、本書のモチーフは第二次世界大戦における日本の敗北の原因を組織論で解き明かした『失敗の本質――日本軍の組織論的研究』（中公文庫、戸部良一、寺本義也、鎌田伸一、杉之尾孝生、村井友秀、野中郁次郎著）である。

日本の電機産業は歴史的大敗を喫した。それ自体をテーマにした書籍は数多くあるが、日本の電機産業の成り立ちから現在までを俯瞰して、構造的に敗因を考えるとどうなるか。浮かんできたのはあまねく国民から徴収した電気料金、電話料金という名の「税金」を元手に電力会社とNTTが支配する社会主義的な構造である。一個の独立した産業に見えている日本の電機産業は、その下部構造でしかなかった。

通信自由化、電力自由化によって上部構造（電力会社、NTT）の独占が崩れた時、それに依存した下部構造も当然にして崩れる。我々が目の当たりにしている東芝の崩壊は、その中の一つの現象に過ぎない。構造が瓦解する中で、最後に残る難題が「原発」だ。

原発はもはや民間企業のレベルを超えている

2017年3月、仏原発大手のアレバとNewCoは合計で50億ユーロ（約6100億円）の資本増強を行い、うち45億ユーロ（約5500億円）を仏政府が引き受けた。残りの5億ユーロを出資したのが三菱重工業と日本原燃である。

日本国内での原発新規建設が望めない中、東芝、日立製作所、三菱重工の3社は米欧大手との提携を足がかりに海外に活路を求めようとした。

3社の経営陣は、米欧の名門を組み従えることで、自尊心を満足させたかもしれない。だが米欧は、爆発寸前の爆弾をまんまと日本に押し付けた、とほくそ笑んでいる。

2011年の福島第一原発事故のあと、世界各地で新規原発の建設延期やキャンセルが相次いだ。

ウェスチングハウス（WH）やアレバは火の車。その火消しを日本の東芝と三菱重工が引き受ける構図になっている。ゼネラル・エレクトリック（GE）の肩代わりをさせられている日立の危機はまだ表面化していないが、日立だけが無傷というのも考えにくい。

押し付けられた爆弾はこれからも爆発を続ける。2016年11月には三菱重工とアレバが受注を見込んでいたベトナム初の原発建設計画が白紙撤回された。ベトナムは2010年に国会が建設計画を承認し、2基をロシア、2基を日本が受注。日本受注分については、三菱重工が仏メーカーのアレバと開発した中型炉「アトメア1」が有力視されていたが、福島の事故を受けて安全対策費などが膨らみすぎた。

三菱重工・アレバの受注が有力視されてきたトルコでも、クーデター未遂による政情不安で事業化可能性調査（F／S）が大きく遅れている。リトアニアでは日立・GEが優先交渉権を得たが、反原発を掲げる野党が第一党に躍進し先行きが見通せない。日本と原子力協定を結んだインドでは、原発メーカーにも事故責任を負わせる「原子力損害賠償法」があるため不用意には踏み込めない。

日立は英国での原発事業を推進するため、原発建設会社のホライズン・ニュークリア・パワーを買収した。日立・GEは英国で4〜6基の原発建設を計画しているが、EU離脱で英経済の先行きは不透明。ホライズンが、東芝を巨額減損に追い込んだS&Wの二の舞にならない保証はない。

東芝は米国で受注した4基だけで約7000億円の減損を余儀なくされたが、中国で受注した4基についても「近い将来、何らかの見直しが必要になる」との指摘がある。日本の原発3社がはまり込んだ沼は想像以上に深い。

3社は現在、経産省の指示を受け、核燃料事業の統合交渉を進めている。「燃料だけでなく全体を考えなければならない時期がくるかもしれない」（日立社長兼最高経営責任者の東原敏昭）と、原子炉事業の統合を視野に入れた声も漏れている。

当面の問題は、いつまた債務超過になってもおかしくない東芝の原発事業をどうするかだが、先行きの厳しさは日立、三菱重工も同じ。福島の事故で安全基準が引き上げられたため、かつて3000億円程度だった標準的な原発の建設費が、今は1兆円をはるかに超えるという。GEのイメルトが言うように、もはや原発は民間企業が背負えるリスクの限界を超えている。

しかし世界から原発メーカーが消えてしまうのも困る。世界には400基を超える原発があり、これから世界が脱原発に向かうとしても、少なくともあと半世紀はメンテナンスと廃炉のために原子力技術を継承し発展させる必要があるからだ。

オバマ前大統領が唱えた「核なき世界」が遠い夢だとすれば、軍需のプルトニウム製造工場としての原発も、しばらくは必要とされるだろう。

しかし東芝が解体に向かういま、原発が孕《はら》む法外なリスクを電機メーカーに背負わせる構造は、どうしても見直さなくてはならない。

フランスのように国が前面に出てリスクを抱え込むのか、それとも米国やドイツのようにフェードアウトの道を探るのか。いずれにせよ原発は、経営のレベルをはるかに超えた問題である。

日本の技術者はまだまだ戦える

本書の最後に、電機業界をめぐる新しい流れについても触れておきたい。

2017年3月1日、ホンハイの創業者、郭台銘会長個人と、同社が出資する堺ディスプレイプロダクト（SDP・元シャープディスプレイプロダクト）は、広州市政府と共同で建設する世界最大級の液晶パネル工場の起工式を開いた。投資総額、約1兆円の巨大プロジェクトだ。

SDPが広州で作るのは、フルハイビジョンの16倍の解像度を持つ「8K」テレビ向けの次世代液晶パネル。2016年にホンハイ傘下に入るまでのシャープにとって、自力で8Kの量産ラインを構えるなど「夢のまた夢」だった。

経済産業省の一部の幹部は、同省の別動隊である官製ファンド＝産業革新機構の申し出を蹴ってホンハイの出資受け入れを決めたシャープや、同社の主力行であるみずほ銀行をいまだに「国賊」と呼ぶが、現場の受け止め方はかなり違う。

「ようやくお金の心配をせず、全力で戦える」

シャープからSDPに出向している液晶技術者の一人は、しみじみこう語った。広州に投じる1兆円はホンハイだからこそ出せる金だ。仮に産業革新機構が1兆円を出したとしても、大量の8Kパネルを売りさばくことはできない。ホンハイにはそれができる。

外資に買収されることを「敗北」と考える風潮が日本にはある。だがグローバル資本主義において、それは日常レベルで起こり得ることであり、恥でもなんでもない。仏ルノーの傘下に入った日産自動車の社員は不幸になっただろうか。あれは「国辱」だっただろうか。

2017年4月現在、ホンハイは東芝の半導体メモリー事業にも興味を示している。このニュースを聞いた時、東芝半導体部門の中堅社員は、机の下で小さくガッツポーズを作った。彼の言い分はこうだ。

「原発事業に振り回されるのはもうたくさん。我々が生み出す利益を損失の穴埋めに使われたのではかなわない。スポンサーがいれば、思う存分戦える。それがどこでも我々は構わない」

世界で戦える実力を持つ彼らは、サムスンと思い切り戦いたいのである。「東芝」という古い箱へのこだわりはない。

ホンハイの傘下に入ったシャープで、最も大きな変化が起きているのは奈良県にあるシャープ天理総合開発センターだろう。

「あんたね、オモチャ作ってるの、製品を作ってるの、どっち?」

「せ、製品です」

「そうは思えねえんだけどなあ」

やり取りしているのは50代のベテラン技術者と若い女性のベンチャー経営者。ホンハイ郭会長、シャープ戴社長の肝いりで始まった「モノづくりブートキャンプ」だ。

シャープとクラウドコンピューティング大手のさくらインターネットが手を組んで、10日間の日程で朝から夜まで、シャープの技術者がＩｏＴベンチャーの経営者や技術者を猛特訓する。カリキュラムはアナログ電子回路、金型、ソフトウエア、基板設計から安全設計、原価管理、製品要求仕様書の書き方まで多岐にわたる。

ベンチャーには「世の中を変えたい」という情熱や、斬新なアイデアがある。だが製品の量産や品質管理の経験は持っていない。それがネックで事業の立ち上げに失敗するベンチャーは少なくない。

最初は「ベンチャーにノウハウを教えろ」と言われて面食らっていたシャープのベテラン技術者たちだが、体当たりで質問してくるベンチャーの若者と接しているうちに、技術者魂に火がついた。

「だったら、ここは素材を代えればいい。この手の素材なら○○産業に頼めば作ってくれる」

「ああ、この回路じゃダメだ。ちょっと貸してみなさい」

リーマン・ショックの後、長く業績不振が続き、めっきり若手の数が減ったシャープ天理総合開発センターに、ベンチャーの「若者」「よそ者」が活気をもたらした。

恐竜は絶滅し、哺乳類が誕生する

ものづくりベンチャーのシリウス（東京都台東区）は２０１７年２月、水洗いクリーナーヘッド「スイトル（switle）」の予約販売を開始した。価格は2万１３８４円（消費税込み）。キャニスター型掃除機の先に取りつけ、「逆噴射ターボファンユニット」で水を「吹き付け」、汚れを浮かせて「吸引」する装置だ。洗濯できないカーペットや畳、マットレスなどを「水洗い」できる。

シリウス社長の亀井隆平は元三洋電機社員。１９８９年から２０１０年まで三洋電機に在籍していたが、同社がパナソニックに買収された後、毎朝全社員が歌うことになっているパナソニックの社歌をどうしても歌うことができずに退社。妻と二人でシリウスを立ち上げた。

亀井はある日、三洋電機の上司の紹介で広島県福山市在住の発明家、川本栄一に出会う。川本は自身の介護経験から、高齢者の汚物で汚れた畳を掃除する装置を考案していた。

「これはいける」と閃《ひらめ》いた亀井は、三洋電機時代の人脈を活用して事業化に乗り出す。デザインは新進気鋭のデザイン会社、イクシーが担当した。パナソニック、ソニー出身の若手エンジニアとデザイナーが立ち上げたIoTベンチャーで、３Dプリンターを駆使してつくった電動義手「HACKberry」などを世に出した実力派である。ブランディングやコミュニケーション戦略は、スタートアップのブランディングやサポートを手がける未来予報が担当した。

装置の設計や生産は、旧三洋電機の協力工場である兵庫県のユウキ産業が担当した。現在は自動車メーカーの金型や樹脂成型を主力事業にしているが、亀井が三洋電機時代のよしみで頼み込むと、快く量産を引き受けてくれた。

事業化の資金を集めるため、亀井はクラウドファンディングを利用したが、集まった資金は目標の100万円をはるかに超え、1100万円を突破した。

大阪・心斎橋にあるアイリスオーヤマ（本社、仙台市）の「大阪R&Dセンター」では、元シャープ、元パナソニック、元三洋電機、元東芝の技術者、100人が働いている。

アイリスは2009年、家電事業に参入した。当初はホームセンターで掃除機、扇風機などの軽家電を売っていたが、総合電機を辞めたエンジニアを徐々に増やし、機構の複雑な白物家電を手がけるようになった。

2015年には掛け布団と敷布団の間にホースを差し込むだけで布団の乾燥、加温ができる「ふとん乾燥機　カラリエ」、2016年には、上部の釜を取り外すとIHクッキングヒーターになる炊飯器「銘柄量り炊き　IHジャー炊飯器3合」で大ヒットを飛ばした。

仙台に本社を置くアイリスがなぜ大阪にR&Dセンターを作ったか。大山健太郎社長はこう説明する。

「もちろん、狙いは関西家電のエンジニア。『仙台に来てくれ』と言えば、50歳をすぎたベテランに単身赴任をお願いすることになる。それで住み慣れた関西圏から便利な場所にセンターを構えたわけです」

狙いは大当たり。三洋電機、シャープ、パナソニックで活躍の場を奪われたエンジニアが続々と集まった。中には管理職になってから「10年以上、図面を引いていない」と現場復帰をためらう人もいたが、CAD（コンピューター支援の設計装置）に向かうと嬉々として設計を始めた。

かつて「世界最強」を誇った日本の電機メーカーは、氷河期に適応できなかった恐竜のように壊滅した。だが、それですべてが終わったわけではない。風に吹かれたタンポポの綿毛のように、古巣を離れ、新たな土地で芽を出そうとしている人々がいる。彼らが作る会社や事業は、総合電機に比べればちっぽけだが、環境に適応した哺乳類のように小回りが利き順応性が高い。ソニーや三菱電機のように自らを「電機メーカー」ではない姿に変えて生き延びようとしている大企業もある。

会社や業界が滅んでも人は残る。むしろ環境に適応できない大企業の中に閉じ込めている方が不幸かもしれない。「東芝解体」に象徴される電機産業の壊滅は、日本経済が新たなステージに踏み出すための通過儀礼だと考えた方がいい。

＊

本書を書くに当たっては新聞記者時代を含め30年分の取材メモとスクラップを総動員した。メモには日本経済の一翼を担う業界の人々が熱く語った電機業界の未来が残っていたが、残念ながら訪れた現実は予想よりはるかに厳しいものだった。

個別ファクトの積み上げである本書の執筆には、大幅に想定を上回る時間がかかってしまった。我慢強く、的確な指示を送り続けてくれた講談社の青木肇の存在がなければ完走できなかった。この場を借りて心より感謝申し上げる。

本書を書いたのは、過去の失敗をあげつらうためではない。「敗北」という不都合な真実にしっかり目を向けるのは、未来に踏み出すために必要な準備作業だと考える。これが終わりではなく、ここからが始まりだ。かつて松下幸之助や井深大、盛田昭夫がしたように、焼け跡から新しい産業を立ち上げることが、次の世代に対する我々の責務である。

N.D.C. 335　270p　18cm
ISBN978-4-06-288426-6

講談社現代新書　2426
東芝《とうしば》解体《かいたい》　電機《でんき》メーカーが消《き》える日《ひ》
二〇一七年五月二〇日第一刷発行

著　者　大西《おおにし》康之《やすゆき》

発行者　鈴木　哲
発行所　株式会社講談社
東京都文京区音羽二丁目一二―二一　郵便番号一一二―八〇〇一
電　話　〇三―五三九五―三五二一　編集（現代新書）
〇三―五三九五―四四一五　販売
〇三―五三九五―三六一五　業務
装幀者　中島英樹
印刷所　凸版印刷株式会社
製本所　株式会社大進堂
定価はカバーに表示してあります　Printed in Japan

「講談社現代新書」の刊行にあたって

教養は万人が身をもって養い創造すべきものであって、一部の専門家の占有物として、ただ一方的に人々の手もとに配布され伝達されうるものではありません。

しかし、不幸にしてわが国の現状では、教養の重要な養いとなるべき書物は、ほとんど講壇からの天下りや単なる解説に終始し、知識技術を真剣に希求する青少年・学生・一般民衆の根本的な疑問や興味は、けっして十分に答えられ、解きほぐされ、手引きされることがありません。万人の内奥から発した真正の教養への芽ばえが、こうして放置され、むなしく滅びさる運命にゆだねられているのです。

このことは、中・高校だけで教育をおわる人々の成長をはばんでいるだけでなく、大学に進んだり、インテリと目されたりする人々の精神力の健康さえもむしばみ、わが国の文化の実質をまことに脆弱なものにしています。単なる博識以上の根強い思索力・判断力、および確かな技術にささえられた教養を必要とする日本の将来にとって、これは真剣に憂慮されなければならない事態であるといわなければなりません。

わたしたちの「講談社現代新書」は、この事態の克服を意図して計画されたものです。これによってわたしたちは、講壇からの天下りでもなく、単なる解説書でもない、もっぱら万人の魂に生ずる初発的かつ根本的な問題をとらえ、掘り起こし、手引きし、しかも最新の知識への展望を万人に確立させる書物を、新しく世の中に送り出したいと念願しています。

わたしたちは、創業以来民衆を対象とする啓蒙の仕事に専心してきた講談社にとって、これこそもっともふさわしい課題であり、伝統ある出版社としての義務でもあると考えているのです。

一九六四年四月　野間省一